풀꽃이
좋아지는
풀꽃책

넌 이름이
뭐니?

풀꽃이 좋아지는 풀꽃책

1판 1쇄 펴냄 2021년 4월 22일
1판 2쇄 펴냄 2022년 8월 18일

지은이 김진옥 · 김진식

주간 김현숙 | **편집** 김주희, 이나연
디자인 이현정, 전미혜
영업·제작 백국현 | **관리** 오유나

펴낸곳 궁리출판 | **펴낸이** 이갑수

등록 1999년 3월 29일 제300-2004-162호
주소 10881 경기도 파주시 회동길 325-12
전화 031-955-9818 | **팩스** 031-955-9848
홈페이지 www.kungree.com
전자우편 kungree@kungree.com
페이스북 /kungreepress | **트위터** @kungreepress
인스타그램 /kungree_press

ⓒ 김진옥 · 김진식, 2021.

ISBN 978-89-5820-712-2　　73480

책값은 뒤표지에 있습니다.
파본은 구입하신 서점에서 바꾸어 드립니다.

풀꽃이 좋아지는 풀꽃책

넌 이름이 뭐니?

김진옥 · 김진석 지음

일러두기

- 이 책은 우리 주변에서 누구나 쉽게 만날 수 있는 풀꽃과 나무를 소개하고 있습니다.
- 봄부터 가을까지 꽃이 피는 순서대로 식물을 수록하여 아이와 어른이 함께 계절에 따라 꽃 관찰을 할 수 있도록 구성했습니다.
- 본문의 '관찰 포인트'에서는 각 식물의 특징을 꽃과 열매를 중심으로 자세히 실었습니다.

풀꽃과 나무, 어디까지 알고 있니?
풀꽃의 이름을 불러 주자!

여러분은 풀꽃과 나무에 대해 어디까지 알고 있나요? 우리가 흔히 만났던 개나리를 떠올려 보세요. 이른 봄 잎이 나기 전 노란색 꽃을 피우는 것이 개나리라는 건 알고 있지만, 개나리 꽃 안까지 들여다본 적 있나요? 4개로 갈라진 노란색 꽃잎 안쪽에는 1개의 암술과 2개의 수술이 들어 있습니다. 암술은 장차 씨가 될 밑씨를 품고 있는 기관이고, 수술은 밑씨와 만나 씨가 될 꽃가루가 들어 있는 기관이에요. 그리고 개나리꽃의 암술과 수술은 그 길이가 서로 다릅니다. 어떤 꽃에서는 암술의 길이가 더 길고, 어떤 꽃에서는 수술의 길이가 더 길지요. 개나리꽃의 안쪽에 이런 게 있다는 것을 아는 친구들은 많지 않을 거예요. 또 꽃이 지고 나면 달리는 열매를 본 적은 있나요? 잎의 모양과 잎이 줄기에 달린 형태는요?

이 책에서는 우리가 미처 보지 않았던 풀꽃과 나무에 핀 꽃의 모습을 자세히 담았습니다. 꽃잎부터 꽃받침, 암술, 수술에 이르러 열매까지 자세히 들여다보게 해 주지요. 이 책을 들고 야외로 나가서 눈에 보이는 풀꽃과 나무에 다가가 잎은 어떻게 생겼는지, 꽃잎은 몇 개인지,

암술과 수술은 어디에 있는지 등을 관찰해 보세요. 그리고 이름을 불러 주세요. 우리도 각자 이름을 가지고 있는 것처럼 이 세상에 있는 풀꽃과 나무들도 모두 이름을 가지고 있거든요. 아주 작아서 잘 보이지 않는 풀꽃에도 이름이 있답니다. 풀꽃의 이름을 모두 알고 있기란 어려운 일이지만, 우리가 흔히 만나는 몇몇 풀꽃의 이름을 불러 주는 건 그리 어려운 일이 아니에요. 관심과 애정을 가지고 들여다보는 순간 풀꽃은 자신의 이름을 알려 주기도 하거든요. 우리가 풀꽃의 이름을 불러 주면 풀꽃도 우리에게 말을 걸 거예요. 만나서 참 반갑다고요. 자, 이제 풀꽃과 나무의 이름을 불러 주러 가 볼까요?

꽃을 자세히 관찰하기 위해서는
돋보기나 루페 같은 확대경이 필요합니다.

차례

풀꽃과 나무, 어디까지 알고 있니?
풀꽃의 이름을 불러 주자! · 5

간단히 알아보는 식물용어 · 10

 냉이 · 14

 큰개불알풀 · 16

 말냉이 · 18

 꽃다지 · 20

 꽃마리 · 22

 광대나물 · 24

 별꽃 · 26

 산수유 · 28

 매실나무 · 30

회양목 · 32

 앵도나무 · 34

 복사나무 · 36

 왕벚나무 · 38

 개나리 · 40

 진달래 · 42

 서양민들레 · 44

 애기똥풀 · 46

 각시붓꽃 · 48

 제비꽃 · 50

 가는살갈퀴 · 52

 산괴불주머니 · 54

 조팝나무 · 56

 라일락 · 58

 돌단풍 · 60

 황매화 · 62

 고들빼기 · 64

 노랑선씀바귀 · 66

줄딸기 · 68

 팥배나무 · 70

 박태기나무 · 72

 귀룽나무 · 74

 뱀딸기 · 76

 괭이밥 · 78

 개쑥갓 · 80

 덜꿩나무 · 82

 명자나무 · 84

 토끼풀 · 86

 갈퀴덩굴 · 88

 금낭화 · 90

 뽕나무 · 92

 전호 · 94

 붉은병꽃나무 · 96

 때죽나무 · 98

 찔레나무 · 100

 아까시나무 · 102

 족제비싸리 · 104

 지칭개 · 106

 큰금계국 · 108

 소리쟁이 · 110

 큰방가지똥 · 112

 돌나물 · 114

 바위취 · 116

 국수나무 · 118

 땅비싸리 · 120

 층층나무 · 122

 인동 · 124

 매발톱 · 126

 맥문동 · 128

 질경이 · 130

 까마중 · 132

 개망초 · 134

산딸나무 · 136

 작살나무 · 138

 산박하 · 140

 미국자리공 · 142

 털별꽃아재비 · 144

 코스모스 · 146

 참싸리 · 148

 닭의장풀 · 150

 큰낭아초 · 152

 누리장나무 · 154

 봉선화 · 156

 비비추 · 158

 박주가리 · 160

 참나리 · 162

 익모초 · 164

 무릇 · 166

 사위질빵 · 168

 쥐꼬리망초 · 170

 배롱나무 · 172

 둥근잎나팔꽃 · 174

 달맞이꽃 · 178

 고마리 · 180

 털쇠무릎 · 182

 비수리 · 184

 털도깨비바늘 · 186

 이질풀 · 188

 서양등골나물 · 190

 미국쑥부쟁이 · 192

 꽃향유 · 194

 산국 · 196

 억새 · 198

찾아보기 · 200

간단히 알아보는 식물용어

· 꽃의 구조 ·

꽃잎
수술
암술
꽃받침

수술에 있는 꽃가루주머니 (꽃밥)

암술 안에는 장차 씨앗이 될 밑씨가 들어 있습니다.

혀모양꽃
꽃싸개잎(포)
통모양꽃

통모양꽃
혀모양꽃

간단히 알아보는 식물용어

꽃잎과 꽃받침의 구분이 없는 경우 이를 모두 꽃덮이(화피)라고 부릅니다.

안쪽 꽃덮이

바깥쪽 꽃덮이

암술 끝

이 안쪽에 수술이 있습니다.

냉이 *Capsella bursa-pastoris* 십자화과

· 전국의 들에 자라는 두해살이풀
· 키: 10~50cm
· 잎: 뿌리잎은 땅에 퍼져 나며 깃털 모양, 줄기잎은 어긋나며 길쭉한 모양
· 꽃: 흰색, 2~11월
· 열매: 납작한 세모 모양, 2~11월

나는 냉이야. 봄 내음 가득한 냉이된장국의 향긋함이 바로 나 덕분이지. 냉이라는 말은 순우리말로 옛날부터 나를 냉이라고 불렸대. 내 꽃잎은 4개가 열십자(+) 모양이라서 우리 가족 이름은 십자화과야. 나 말고도 우리 가족에는 맛있고 건강에도 좋은 배추, 양배추, 브로콜리, 무 등이 있어. 나는 전 세계에 넓게 자라는 식물 중 하나여서 어느 나라를 가도 만날 수 있어.

관찰 포인트

냉이의 싹은 가을에 나와서 땅에 딱 붙은 채로 겨울을 보냅니다. 이렇게 납작하게 땅에 붙어 있으면 바람을 피하기도 좋고, 햇빛도 골고루 받을 수 있으며, 땅에서 나오는 열도 잘 흡수할 수 있습니다. 다음해 봄이 오면 냉이는 겨우내 저장했던 양분으로 꽃을 피워 내고 열매를 맺어 씨앗을 퍼뜨리고는 죽게 되는데, 이렇게 살아가는 식물을 두해살이풀이라고 합니다. 냉이의 열매는 2개의 칸으로 되어 있으며, 각 칸에는 10개 정도의 씨앗이 들어 있습니다.

- 꽃잎: 4개
- 꽃받침잎: 4개
- 수술: 6개
- 암술: 1개

🌿🌿 닮은꼴 친구

좁쌀냉이: 기둥 모양의 길쭉한 열매가 열립니다.

콩다닥냉이: 납작하고 동그란 열매가 줄기에 다닥다닥 열립니다.

큰개불알풀 *Veronica persica* 현삼과

- 전국의 길가나 들에 자라는 두해살이풀
- 키: 10~40cm
- 잎: 마주나기, 어긋나기, 3~5개의 굵은 톱니가 있는 둥근 모양
- 꽃: 하늘색, 2~6월
- 열매: 하트 모양, 3~7월

나는 큰개불알풀이야. 꽃이 지고 나면 달리는 하트 모양의 열매가 개의 불알을 닮았다고 해서 이런 이름이 붙었지 뭐야. 어떤 이들은 봄이 오는 소식을 제일 먼저 알려 준다고 나를 봄까치꽃이라고 부르기도 해. 사실 난 그 이름이 더 마음에 들어.

❀ 관찰 포인트

전체에 털이 있으며 식물의 아랫부분은 비스듬히 누워 자랍니다. 줄기 아래쪽 잎은 마주나고 위로 갈수록 어긋납니다. 추위가 가시지 않은 이른 봄부터 하늘색 꽃을 피우는데, 꽃잎과 꽃받침은 4개로 갈라져 있으며, 꽃 가운데 열매로 발달할 암술이 있습니다. 암술 양 옆으로 꽃가루가 든 2개의 수술이 있습니다. 꽃가루가 암술 끝(암술머리)에 닿으면 하트 모양의 열매가 생깁니다.

- 꽃잎: 4갈래
- 꽃받침: 4갈래
- 수술: 2개
- 암술: 1개

닮은꼴 친구

개불알풀: 큰개불알풀의 꽃잎 1개 정도 크기의 작은 꽃이 피웁니다.

선개불알풀: 약간 옆으로 누워 자라는 큰개불알풀에 비해 똑바로 서서 자랍니다.

말냉이 *Thlaspi arvense* 십자화과

- 전국의 길가나 들에 자라는 두해살이풀
- 키: 10~60cm
- 잎: 뿌리잎은 땅에 퍼져 나며 주걱 모양, 줄기잎은 어긋나며 길쭉한 타원 모양
- 꽃: 흰색, 4~5월
- 열매: 끝이 오목하게 들어간 원반 모양, 4~6월

나는 말냉이야. 냉이와 닮은 꽃을 피우는데, 냉이보다 키도 크고 덩치도 커서 '말'이라는 글자가 앞에 있지. 식물 이름에 '말' 자가 붙으면 크다는 의미거든. 나도 냉이처럼 봄나물로 사람들의 밥상에 올라. 주로 뿌리 말고 잎이랑 줄기만 먹는데, 쓴맛이 강해서 물에 한참 담갔다가 먹어야 해. 한방에서는 내 씨앗을 약으로 쓰곤 해.

- 꽃잎: 4개
- 꽃받침잎: 4개
- 수술: 6개
- 암술: 1개

🌸 **관찰 포인트**

땅에 붙어 추운 겨울을 이겨 내고는 봄에 꽃을 피웁니다. 냉이보다 전체가 크고 털이 없으며, 줄기에 난 잎은 갈라지지 않고 잎자루가 귓불처럼 생긴 것이 특징입니다. 꽃받침잎과 꽃잎은 4개씩이고, 6개의 수술과 1개의 암술이 있습니다. 열매는 끝이 오목하게 들어간 원반 모양으로 다 익으면 길이가 1cm가 넘게 큽니다.

꽃다지 *Draba nemorosa* 십자화과

- 전국의 들에 자라는 두해살이풀
- 키: 10~30cm
- 잎: 어긋나기, 주걱 모양
- 꽃: 노란색, 3~5월
- 열매: 길쭉한 타원 모양, 3~7월

나는 꽃다지야. 꽃들이 줄기에 닥지닥지 붙어 나서 꽃다지래. 내 몸에는 보송보송한 털이 많아. 그래서 아직은 추운 이른 봄에도 꽃을 피울 수 있지. 나는 냉이랑 같은 십자화과 식물이어서 노란색 십자 모양 꽃을 피워. 나도 냉이처럼 나물로 만들어 먹는데, 내 몸에 약이 되는 좋은 성분들이 계속 밝혀지고 있어. 나를 나물로 먹을 때는 꽃이 코딱지처럼 작다고 코딱지나물이라고 해.

- 꽃잎: 4개
- 꽃받침잎: 4개
- 수술: 6개
- 암술: 1개

열매

 관찰 포인트

땅에 딱 붙어서 빙 돌아 난 잎은 마치 방석처럼 생겼습니다. 냉이처럼 바닥에 붙은 채로 겨울을 보내는 두해살이풀이지요. 꽃다지를 비롯한 십자화과 식물들은 주로 4개의 꽃잎과 6개의 수술을 가지고 있습니다. 줄기 아래에서부터 피어 나는 노란색 꽃이 지고 나면 길쭉한 타원 모양의 열매가 달립니다.

꽃마리 *Trigonotis peduncularis* 지치과

- 전국의 들에 자라는 두해살이풀
- 키: 10~30cm
- 잎: 어긋나기, 가장자리가 밋밋한 둥근 모양
- 꽃: 하늘색, 3~5월
- 열매: 4개로 갈라진다. 4~8월

나는 꽃마리야. 꽃이 피기 전에 꽃들이 돌돌 말려 있어서 꽃말이로 불리다가 꽃마리가 되었어. 내 꽃은 아주 작아서 눈을 크게 뜨고 보거나, 루페라는 확대경으로 봐야 해. 하지만 한번 보고 나면 나를 좋아하게 될 거야. 내 꽃은 정말 예쁘거든. 내 잎과 줄기를 비비면 오이 냄새가 나기도 해.

- 꽃잎: 5갈래
- 꽃받침: 5갈래
- 수술: 5개
- 암술: 1개

열매

🌸 관찰 포인트

두해살이풀이기 때문에 여름에 열매에서 나온 씨앗이 땅에 떨어져 가을이면 싹이 나와 땅에 붙은 채로 겨울을 보냅니다. 다음해 봄이 되면 꽃줄기가 자라나 꽃을 피우지요. 식물 전체에 눌린 털이 있으며 줄기가 아래에서 많이 갈라집니다. 돌돌 말려 있던 꽃줄기가 펴지면서 꽃을 피우는데, 꽃이 지고 나면 4개로 갈라지는 열매를 맺습니다. 열매는 무척 작아서 맨눈으로는 잘 보이지 않습니다.

광대나물 *Lamium amplexicaule* 꿀풀과

- 전국의 길가나 밭에 자라는 두해살이풀
- 키: 10~30cm
- 잎: 마주나기, 굵은 톱니가 있는 둥근 모양
- 꽃: 분홍색, 3~5월(남부지방에서는 겨울에도 꽃이 핀다.)
- 열매: 4개로 갈라진다. 4~6월

나는 광대나물이야. 화려하게 분장한 광대와 닮은 꽃을 피우는 나물이라고 해서 이름 지어졌어. 줄기 윗부분에 마주 붙은 2개의 잎은 둥글게 퍼져 꼭 발레리나가 옷을 입고 빙그르 돌고 있는 것처럼 보여. 겨울을 이겨 낸 잎과 줄기는 나물이나 국으로 끓여 먹으면 맛있어.

관찰 포인트

줄기 단면이 사각형이며 잎은 마주나 있습니다. 긴 대롱처럼 생긴 꽃의 끝은 입술 모양으로 갈라져 있고, 그 위에 있는 진분홍색의 점은 꽃가루를 옮겨 주는 곤충을 불러들이는 역할을 합니다.

광대나물은 환경이 좋지 않으면 꽃을 활짝 피우지 않은 채로 열매를 맺는 폐쇄화를 피우기도 합니다. 꽃의 수술은 4개이고, 2개가 나머지 2개보다 더 깁니다.

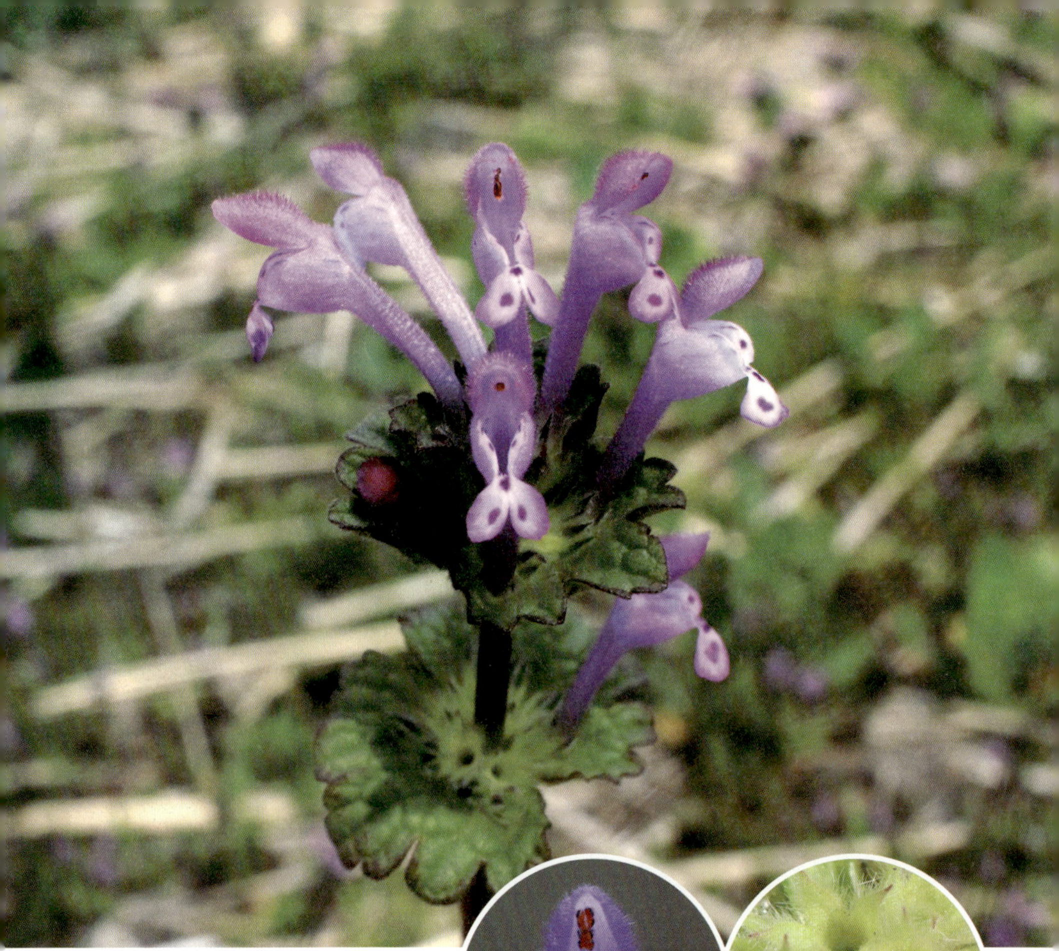

· 꽃잎: 5갈래
· 꽃받침: 5갈래
· 수술: 4개
· 암술: 1개

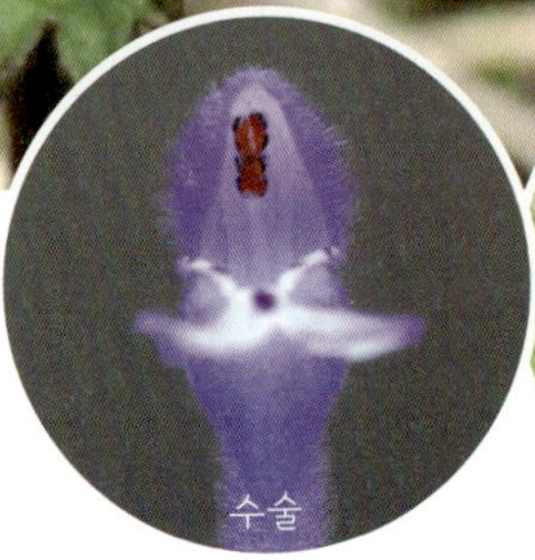

수술

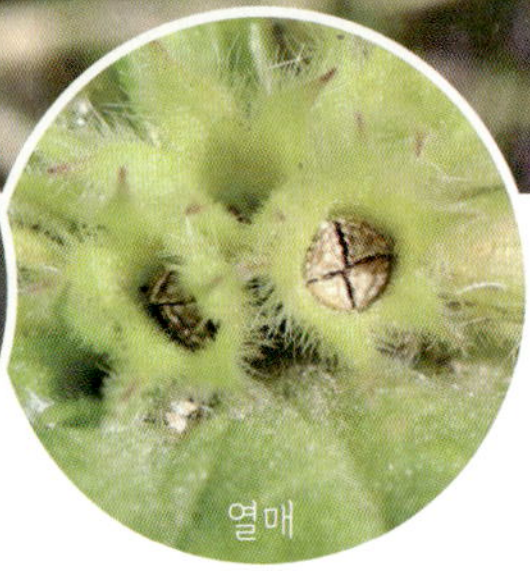

열매

닮은꼴 친구

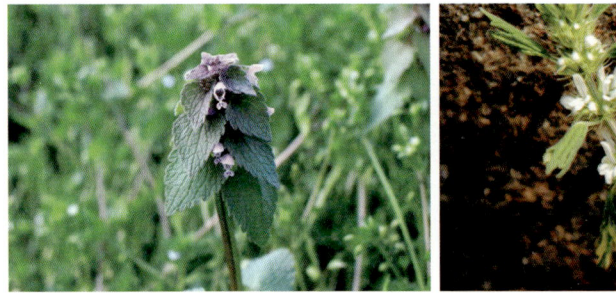

자주광대나물: 광대나물에 비해 꽃이 더 작고 줄기 윗부분의 잎이 자주색입니다.

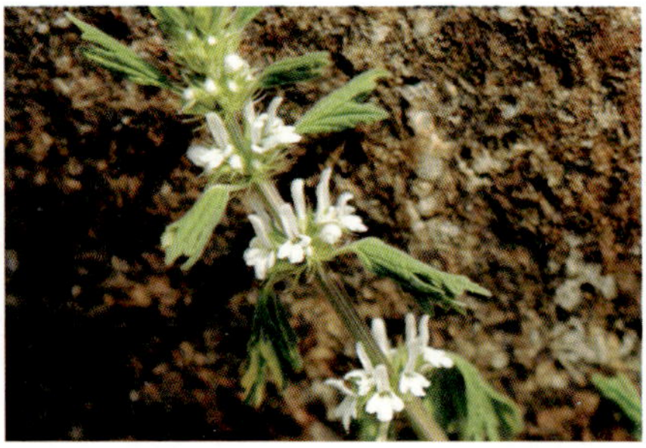

흰꽃광대나물: 잎이 갈라져 있으며 흰색의 꽃을 피웁니다.

별꽃 *Stellaria media* 석죽과

- 전국의 길가나 들에 자라는 두해살이풀
- 키: 10~30cm
- 잎: 마주나기, 달걀 모양
- 꽃: 흰색, 3~6월
- 열매: 길쭉한 타원 모양, 7~9월

나는 별꽃이야. 반짝이는 별을 닮은 꽃을 피워서 별꽃이 되었어. 꽃잎은 5개이지만 각각 깊게 갈라져 있어서 마치 10개의 꽃잎처럼 보여. 곤충들이 더 잘 볼 수 있도록 꽃잎이 많아 보이게 만든 거야. 꽃잎 1개를 들여다보면 꼭 토끼의 귀가 떠올라. 나는 나물이나 샐러드로 먹어도 맛있고, 소금이랑 같이 볶아서 치약으로 쓸 수도 있어. 병아리도 나를 좋아해서 다른 나라에서는 나를 병아리풀이라고 불러.

 관찰 포인트

별꽃은 냉이와 더불어 전 세계적으로 가장 넓게 분포하는 식물입니다. 덩굴 모양으로 뻗어 자라며 붉은빛이 도는 줄기에 있는 1줄의 털은 물을 모아서 아래로 옮기는 역할을 합니다. 겉에 북슬북슬한 털이 달린 꽃받침이 벌어지면서 새하얀 꽃이 피어나며 꽃이 진 후에는 꽃자루가 길게 자라나 고개를 푹 숙이게 됩니다. 꽃받침에 비해 꽃잎이 약간 짧고, 암술 끝은 3개로 갈라져 있으며 수술의 수는 1~7개입니다.

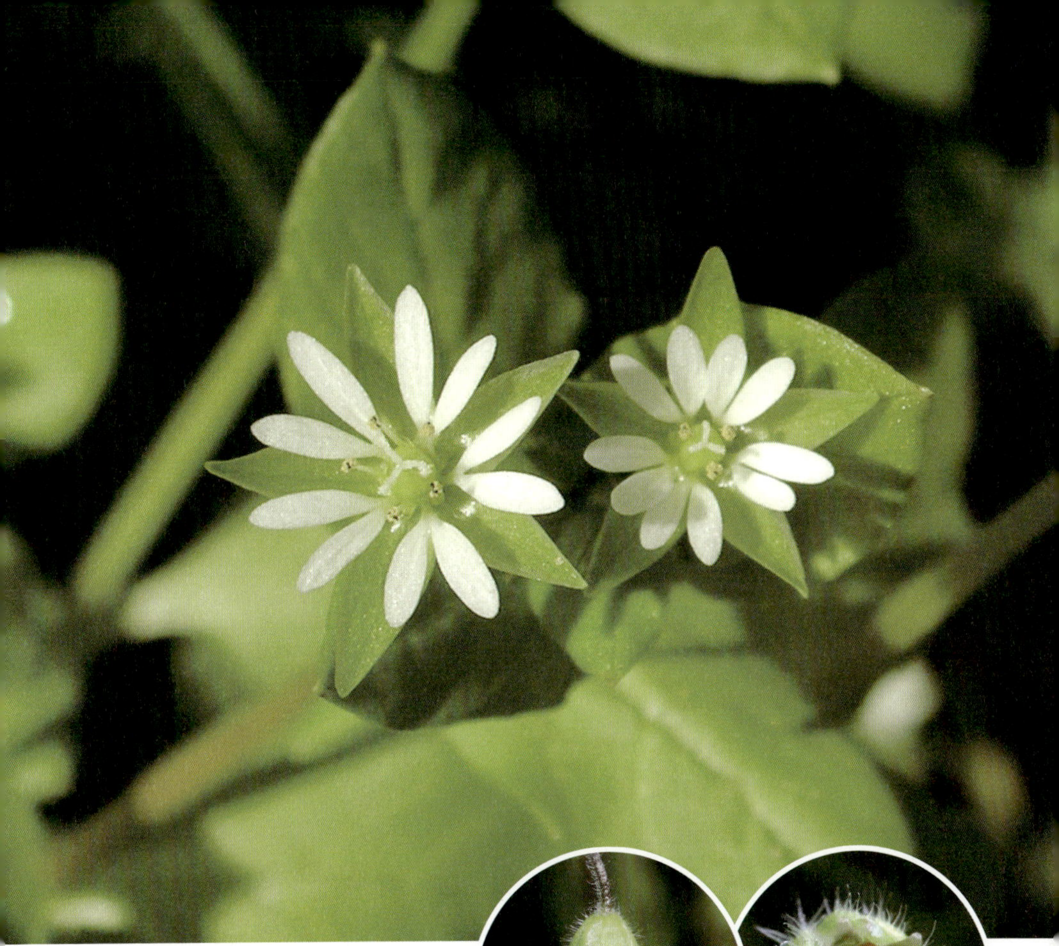

- 꽃잎: 5개(깊게 갈라져 10개로 보인다.)
- 꽃받침잎: 5개
- 수술: 1~7개
- 암술: 1개(끝이 3개로 갈라진다.)

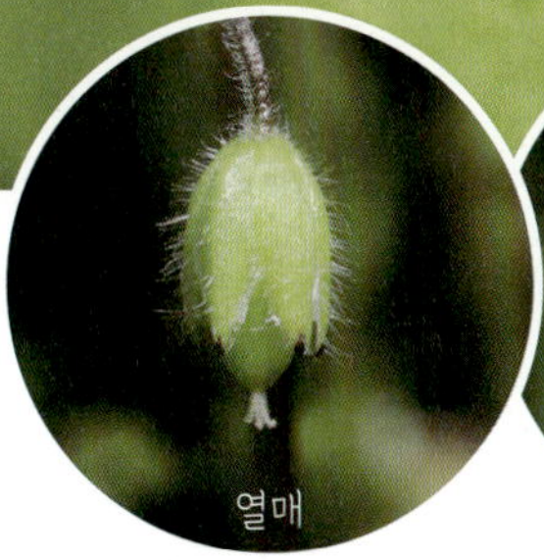

열매

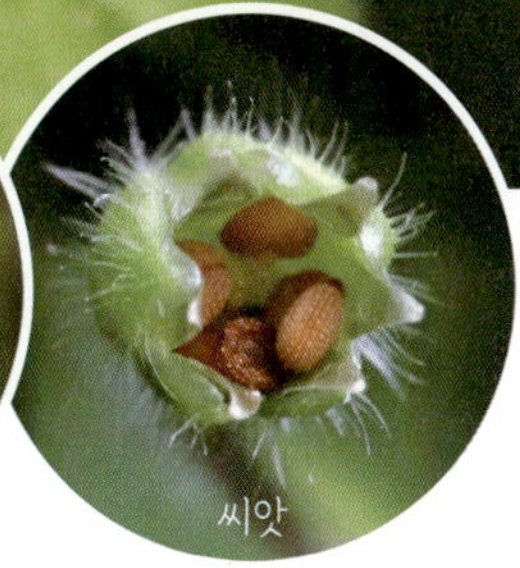

씨앗

닮은꼴 친구

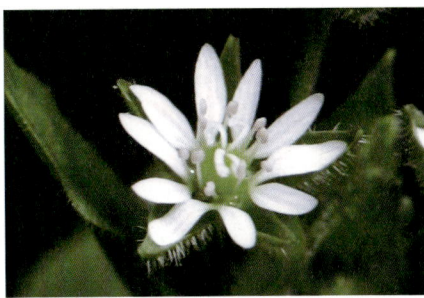

쇠별꽃: 별꽃에 비해 전체적으로 크고 수술은 10개이며 암술 끝이 5개로 갈라져 있습니다.

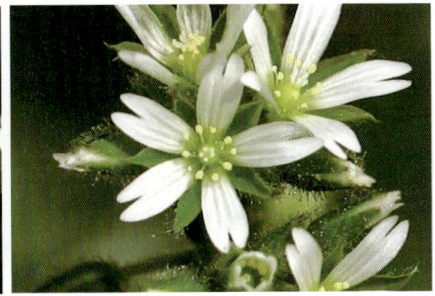

유럽점나도나물: 꽃잎이 얕게 갈라져 있고 식물 전체에 샘털이 많습니다.

산수유 *Cornus officinalis* 층층나무과

- 전국에 심어 기르는 나무
- 키: 4~8m
- 잎: 마주나기, 넓은 달걀 모양
- 꽃: 노란색, 3~4월
- 열매: 타원 모양, 9~10월

나는 산수유야. 열매가 수유라고 부르는 쉬나무의 열매를 닮고, 산에서 자란다고 산수유가 되었지. 이른 봄, 나무들 중에서 제일 먼저 노랗게 꽃을 피워. 이렇게 일찍 잎보다 먼저 꽃을 피우는 이유는 꽃가루를 옮겨 주는 곤충들을 독차지하기 위해서야. 또 내 잎 뒷면에 있는 갈색털은 나를 갉아먹으려는 벌레의 입맛을 떨어뜨리지. 빨갛게 익은 내 열매는 여러 나라에서 약으로 쓰여.

❀ 관찰 포인트

줄기가 오래 되면 껍질이 조각조각 떨어집니다. 동그란 겨울눈이 벌어지면서 피는 꽃은 한 송이처럼 보이지만 자세히 보면 여러 개의 작은 꽃들이 모여 있는 것입니다. 크기가 작은 꽃들이 모여서 크게 보이려는 것이지요. 작은 꽃 하나에는 4갈래로 된 꽃받침과 4개의 꽃잎 및 수술이 있습니다. 그 가운데 열매가 되는 1개의 암술이 있으며, 열매 안에 단단한 핵이 들어 있고 그 안에 씨앗이 있습니다.

· 꽃잎: 4개
· 꽃받침: 4갈래
· 수술: 4개
· 암술: 1개

🌿🌿 닮은꼴 친구

생강나무: 줄기가 벗겨지지 않고 매끈하며 가지에 딱 붙은 꽃을 피우고 가지를 비비면 생강냄새가 납니다.

매실나무 *Prunus mume* 장미과

- 전국에 심어 기르는 나무
- 키: 4~10m
- 잎: 어긋나기, 달걀 모양
- 꽃: 흰색-분홍색, 3~4월
- 열매: 둥근 모양, 6월

나는 매실나무야. 중국에서 부르는 이름인 매(梅) 자를 그대로 따와서 매실나무가 되었어. 잎보다 먼저 피는 꽃인 매화는 향기가 무척 좋아서 인기가 많아. 열매인 매실도 몸에 좋은 성분이 많아서 차로도 먹고 반찬으로도 먹어. 하지만 씨에는 독성이 있기 때문에 먹으면 안 돼.

🌸 관찰 포인트

이른 봄에 피는 꽃은 5개의 꽃잎과 꽃받침잎, 많은 수의 수술과 그 가운데 1개의 암술로 이루어져 있습니다. 꽃받침은 연두색이나 붉은색이며 꽃이 필 때 뒤로 젖혀지지 않는 것이 특징입니다.

열매는 노란색으로 익으며 겉에는 털이 많습니다. 열매 안에는 단단한 핵이 들어 있고 그 안에 씨앗이 있습니다.

- 꽃잎: 5개
- 꽃받침잎: 5개
- 수술: 여러 개
- 암술: 1개

열매

🌿 닮은꼴 친구

살구나무: 매실나무와 다르게 꽃이 필 때 꽃받침이 뒤로 젖혀집니다.

회양목 *Buxus sinica* var. *koreana* 회양목과

- 전국의 산이나 석회암지대에 자라며, 전국에 심어 기르는 나무
- 키: 2~3m
- 잎: 마주나기, 타원 모양
- 꽃: 노란빛이 도는 연두색, 3~4월
- 열매: 뾰족한 뿔이 달린 둥근 모양, 6~7월

나는 회양목이야. 노란빛 도는 잎이 버드나무를 닮았다는 뜻의 황양목(黃楊木)이 변한 이름이야. 나는 겨울에도 푸른 잎을 달고 있고, 어디서든 잘 자라는 데다가 가지치기로 모양을 잡기도 쉬워서 울타리로 많이 쓰여. 하지만 야생에서의 내 진짜 모습은 키가 3미터까지나 자라는 나무야.

열매와 씨앗

- 꽃잎: 없다.
- 꽃받침잎: 암꽃(6개), 수꽃(4개)
- 수술: 1~4개
- 암술: 1개(끝이 3개로 갈라진다.)

수꽃

열매

🌸 관찰 포인트

줄기에 다닥다닥 붙은 잎은 두껍고 반짝입니다. 꽃은 열매가 맺히는 암꽃과 꽃가루를 내어 주는 수꽃이 따로 피는데, 1개의 암꽃을 여러 개의 수꽃이 감싸고 있습니다. 꽃잎은 없고, 꽃받침잎이 4개(수꽃) 또는 6개(암꽃)로 달립니다. 암술의 끝은 3개로 갈라져 있고, 열매가 맺히면 3갈래로 벌어집니다. 열매 안에는 검고 반짝이는 씨앗이 주로 6개씩 들어 있습니다.

앵도나무 *Prunus tomentosa* 장미과

- 전국에 심어 기르는 나무
- 키: 2~3m
- 잎: 어긋나기, 달걀 모양
- 꽃: 흰색-분홍색, 3~4월
- 열매: 둥근 모양, 5~6월

나는 앵도나무야. 꾀꼬리(앵, 鶯)가 즐겨 먹으며 복숭아(도, 桃)를 닮은 열매에서 유래한 이름이야. 내 열매는 빨갛게 익는데 새들은 빨간색을 유난히 좋아하거든. 그래서 꾀꼬리도 내 열매를 즐겨 먹나 봐.

- 꽃잎: 5개
- 꽃받침: 5갈래
- 수술: 여러 개
- 암술: 1개

열매

🌸 관찰 포인트

잎 양면에 털이 있으며, 특히 잎 뒷면에 많은 털이 납니다. 잎이 나기 전에 피는 꽃은 5개의 꽃잎과 5갈래로 갈라진 꽃받침, 그리고 많은 수의 수술과 그 가운데 1개의 암술로 이루어져 있습니다.

빨갛게 익는 열매에는 달콤한 과즙이 있고 안에는 딱딱한 핵이 들어 있으며, 그 안에 씨앗이 있습니다. 잎에도 털이 있지만 열매의 겉에도 복슬복슬한 털이 나 있습니다.

복사나무 *Prunus persica* 장미과

- 전국에 심어 기르는 나무
- 키: 3~8m
- 잎: 어긋나기, 길쭉한 타원 모양
- 꽃: 분홍색, 4~5월
- 열매: 둥근 모양, 7~9월

나는 복사나무야. 내 열매가 바로 겉에 털이 복슬복슬한 복숭아지. 원래는 밭에 심어 기르던 것인데 들과 산에 씨앗이 떨어져 자라기도 해. 이렇게 야생화된 내 열매를 개복숭아라고 하는데, 작아서 먹을 것은 별로 없지만 익기 전에 따서 설탕에 넣어 두면 몸에 좋은 효소가 된다고 해.

- 꽃잎: 5개
- 꽃받침잎: 5개
- 수술: 여러 개
- 암술: 1개

열매

🌸 관찰 포인트

잎이 나기 전에 꽃이 피어나며 잎이 길쭉한 타원 모양이고 잎 끝이 뾰족한 것이 특징입니다. 꽃잎과 꽃받침잎은 각각 5개이고, 수술은 많으며 암술은 1개입니다. 암술에는 처음부터 털이 많이 달려 있습니다. 열매를 잘라 보면 안에 딱딱한 핵이 들어 있습니다. 그리고 씨앗은 바로 이 핵 속에 들어 있지요. 우리가 흔히 먹는 아몬드도 이런 형태의 씨앗입니다.

왕벚나무 *Prunus* × *yedoensis* 장미과

- 전국에 심어 기르는 나무
- 키: 5~15m
- 잎: 어긋나기, 끝이 뾰족한 넓은 타원 모양
- 꽃: 분홍빛이 도는 흰색, 3~4월
- 열매: 둥근 모양, 5~6월

꿀샘

나는 왕벚나무야. 버찌 열매가 달리는 벚나무보다 더 풍성한 꽃을 피운다고 왕벚나무가 되었지. 내 꽃에는 꿀샘이 있어서 꽃가루를 옮겨 주는 곤충을 불러들여. 사실 내가 더 신경 쓰는 건 꽃이 지고 난 다음에 키워 내는 꿀샘이야. 잎자루에 작은 혹처럼 생긴 꿀샘을 만들어서 꿀을 가득 담아 두고 개미를 초대하지. 개미는 이 꿀을 먹으러 와서 해충들을 쫓아 주거든. 그래서 난 개미랑 사이가 아주 좋아.

🌸 관찰 포인트

꽃자루와 꽃받침통에 털이 많으며 암술에도 털이 있는 것이 특징입니다. 까맣게 익어 가는 열매 안에는 단단한 핵이 들어 있고 씨앗은 그 안에 있습니다. 왕벚나무의 기원을 가지고 많은 논란이 있어 왔지만 최근 연구에 의하면 가로수로 많이 심겨 있는 왕벚나무는 일본에서 들여와 심은 것으로 올벚나무와 일본에 자라는 오시마벚나무의 교잡종이라고 합니다. 제주도에 있는 제주왕벚나무와는 다른 것이지요.

- 꽃잎: 5개
- 꽃받침잎: 5개
- 수술: 여러 개
- 암술: 1개

🌿 닮은꼴 친구

올벚나무: 꽃자루와 꽃받침, 암술에 털이 많으며 꽃받침통이 볼록합니다.

벚나무: 꽃자루와 꽃받침, 암술에 털이 없으며 꽃받침통이 볼록하지 않습니다.

개나리 *Forsythia koreana* 물푸레나무과

- 전국에 심어 기르는 나무
- 키: 2~3m
- 잎: 마주나기, 길쭉한 타원 모양
- 꽃: 노란색, 3~4월
- 열매: 끝이 뾰족한 타원 모양, 10~11월

단주화

나는 개나리야. 전 세계에서 우리나라에만 있는 꽃이지만 정확히 어느 지역에서 생겨났는지는 확실하지 않아. 내 가지를 꺾어서 땅에 묻어 놓기만 해도 뿌리가 잘 나와서 우리나라 곳곳에 심어져 있거든. 나는 이른 봄 가지를 따라 노란색 꽃을 피워. 가끔 내가 봄이 아닌 계절에 꽃을 피우기도 하는데, 그건 날씨가 춥다가 잠깐 따뜻해지면 내가 겨울이 다 간 줄 알고 피우는 거야.

🌸 관찰 포인트

4갈래로 갈라진 꽃 안에는 1개의 암술과 2개의 수술이 있는데, 암술이 수술보다 긴 꽃(장주화)과 수술이 암술보다 긴 꽃(단주화)이 있습니다. 이것은 같은 꽃에 있는 꽃가루가 아닌 다른 꽃에 있는 꽃가루를 받으려고 설계된 것입니다. 곤충이 긴 수술을 가진 꽃에서 꽃가루를 묻혀 긴 암술을 가진 꽃의 암술에 꽃가루를 옮겨 주면 열매가 생기는 것이지요. 반대로 짧은 수술의 꽃가루는 짧은 암술에 묻게 됩니다.

장주화

- 꽃잎: 4갈래
- 꽃받침: 4갈래
- 수술: 2개
- 암술: 1개

🌿🌿 닮은꼴 친구

영춘화: 꽃이 5~6개로 갈라집니다.

진달래 *Rhododendron mucronulatum* 진달래과

- 전국의 산에 자라는 나무
- 키: 2~3m
- 잎: 어긋나기, 타원 모양
- 꽃: 분홍색, 3~4월
- 열매: 5개로 갈라진다. 9~10월

나는 진달래야. 나팔 모양의 분홍색 꽃은 먹을 수 있어서 옛날에 배고픈 사람들의 허기를 달래 주었다고 참꽃이라 불리기도 했어. 나는 한국을 대표하는 나무로 사랑받아. 사람들의 시와 노래에도 자주 등장하고, 꽃이 피는 시기에 축제를 벌이는 곳도 있어. 해마다 봄이 되면 내가 언제 꽃을 피우는지가 뉴스에도 나와. 꽃봉오리가 점점 커지다가 '팡' 하고 터지면서 꽃을 피워 내는 것이 꼭 봄 소식을 전하는 나팔 소리 같아.

 관찰 포인트

잎이 나기 전에 피는 나팔 모양의 꽃은 5갈래로 갈라져 있습니다. 꽃받침은 비늘처럼 되어 있어서 눈에 거의 띄지 않으며 수술은 10개이고, 그 가운데 1개의 암술이 길게 나와 있습니다. 수술 끝에 꽃가루가 들어 있는 주머니(꽃밥)가 있는데, 여기에 구멍이 열리면서 흰색 꽃가루가 나오게 됩니다. 열매는 다 익으면 5갈래로 갈라집니다.

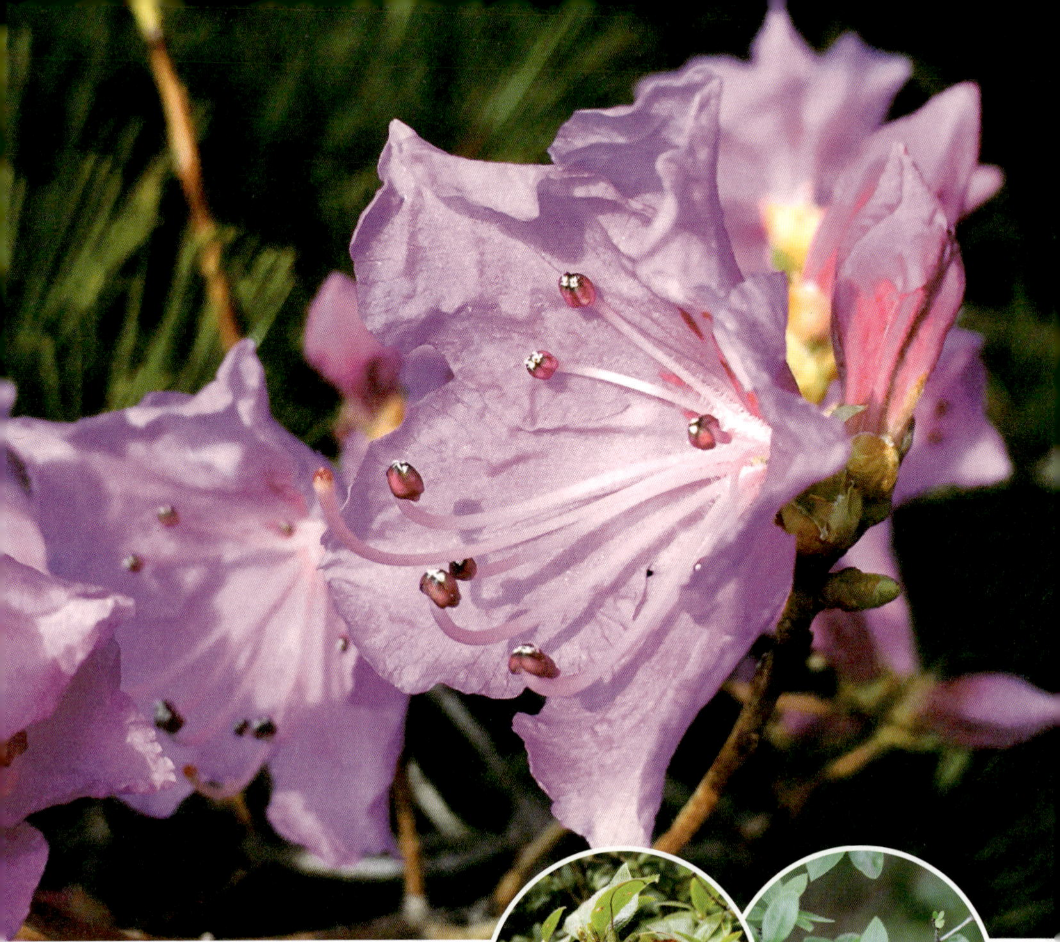

- 꽃잎: 5갈래
- 꽃받침: 5갈래
- 수술: 10개
- 암술: 1개

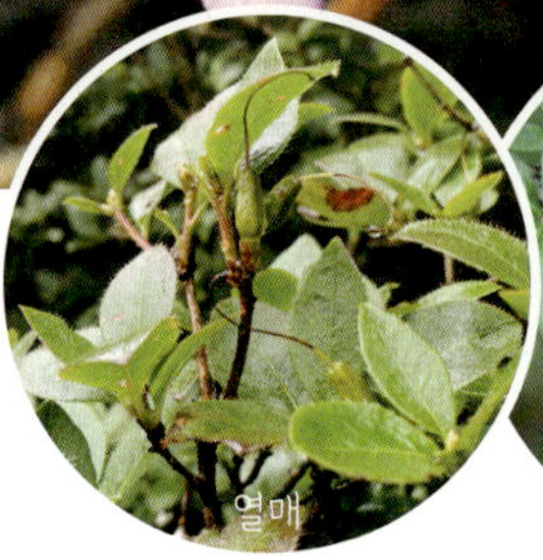

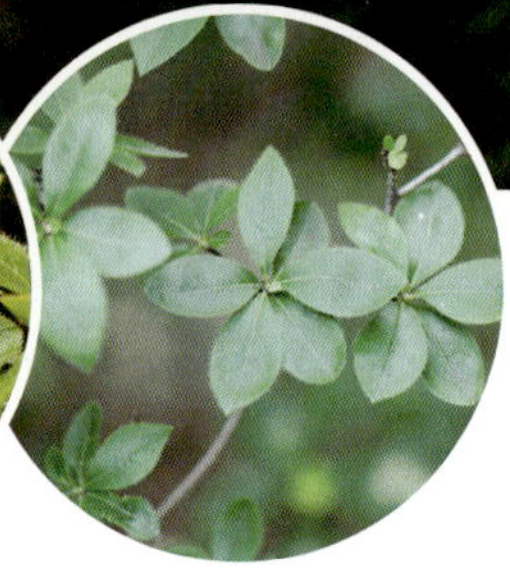

🌿🌿 닮은꼴 친구

철쭉: 잎과 함께 꽃이 피며 끝이 둥근 잎은 가지 끝에 5개가 모여 달립니다.

산철쭉: 잎과 함께 꽃이 피며 잎 끝이 뾰족합니다.

서양민들레 *Taraxacum officinale* 국화과

- 전국의 길가나 들에 자라는 여러해살이풀
- 키: 10~30cm
- 잎: 모여나기, 길쭉한 깃털 모양
- 꽃: 노란색, 3~9월
- 열매: 우산 모양 털이 달려 있다. 4~10월

열매

난 유럽에서 건너온 서양민들레라고 해. 노란색 꽃이 지고 열매가 맺히면 꽃대가 쑥쑥 자라서 키가 커지지. 그래야 우산 모양 털(갓털)이 달린 내 씨앗이 바람을 따라 더 멀리 날아갈 수 있거든. 다들 내 열매를 따서 입으로 "후" 하고 불어 봤을 거야. 이때 열매가 바람에 날리는 모습을 보고 낙하산을 발명하기도 했어.

🌸 관찰 포인트

토종 민들레에 비해 도시에서 흔하게 볼 수 있으며 꽃송이를 받치고 있는 꽃싸개잎(포)들이 아래로 굽어져 있는 것이 특징입니다. 한 송이처럼 보이는 꽃은 많은 수의 혀모양꽃들로 이루어져 있으며, 각 혀모양꽃에는 꽃받침이 변한 갓털이 달려 있습니다. 이 갓털은 꽃이 지고 열매가 맺히면 낙하산처럼 자라나 열매가 멀리 날아가게 하는 역할을 합니다. 이렇게 날아가는 민들레의 열매를 '홀씨'라고 잘못 부르곤 하는데, 홀씨는 주로 고사리(양치식물)의 번식단위인 포자를 일컫는 말입니다.

- 꽃잎: 혀 모양(끝 5갈래)   · 꽃받침: 털 모양(갓털)
- 수술: 5개가 통을 이룬다.   · 암술: 1개(끝이 2개로 갈라진다.)

꽃싸개잎

닮은꼴 친구

붉은씨서양민들레: 꽃싸개잎이 아래로 굽어져 있으며, 서양민들레에 비해 잎이 더 가늘게 갈라지고 열매가 붉은색입니다.

민들레: 주로 산에서 볼 수 있으며, 꽃송이를 받치고 있는 꽃싸개잎(포)들이 위를 향합니다.

45

애기똥풀 *Chelidonium majus* var. *asiaticum* 양귀비과

- 전국의 들에 자라는 두해살이풀
- 키: 30~80cm
- 잎: 어긋나기, 1~2회 갈라진 깃털 모양
- 꽃: 노란색, 3~11월
- 열매: 가는 기둥 모양, 6~11월

유액

나는 애기똥풀이야. 내 줄기를 자르면 노란 즙이 나오는데 그 색깔이 꼭 애기 똥 같아서 애기똥풀이 되었지. 어린이 친구들이 내 줄기를 잘라 나오는 즙을 손톱에 바르고 놀기도 하지만 그건 위험한 행동이야. 그 즙에는 독성이 있어 서 함부로 만지거나 먹으면 안 되거든. 벌레들이 자꾸 내 잎을 먹어 버려서 그 걸 막으려고 몸에 독성이 있는 노란 즙을 담아 둔 거야.

- 꽃잎: 4개
- 꽃받침잎: 2개(꽃이 피면서 떨어진다.)
- 수술: 여러 개
- 암술: 1개(끝이 살짝 2개로 갈라진다.)

열매

 관찰 포인트

전체에 길고 부드러운 털이 많습니다. 꽃받침잎은 2개인데, 꽃이 필 때 일찍 떨어져 버립니다. 4개인 꽃잎은 접시처럼 펴지고, 여러 개의 수술 가운데 1개의 암술이 있습니다. 암술은 끝이 살짝 갈라져 있고, 꽃이 지면 가는 기둥 모양의 열매로 자랍니다.

각시붓꽃 *Iris rossii* 붓꽃과

- 전국의 산에 자라는 여러해살이풀
- 키: 10~30cm
- 잎: 어긋나기, 기다란 칼 모양
- 꽃: 보라색, 4~5월
- 열매: 둥근 모양, 5~6월

나는 각시붓꽃이야. 작고 어여쁜 생김새에 꽃봉오리가 붓처럼 생겼다고 해서 각시붓꽃이야. 나는 길가보다는 산의 풀밭에 가야 만날 수 있어. 나는 꽃가루를 옮겨 주는 곤충을 불러들이기 위해 꽃받침을 꽃잎처럼 바꿔 놓았어. 그리고 그 안에 곤충이 잘 보는 무늬를 그려 두었지. 나를 만나면 내가 만든 무늬가 얼마나 멋진지 봐 줄래?

꽃봉오리

 관찰 포인트

꽃받침과 꽃잎의 구분이 없는 경우 이것들을 모두 꽃덮이(화피)라고 하며, 각시붓꽃의 꽃에는 바깥쪽과 안쪽에 각각 3개씩의 꽃덮이가 있습니다. 바깥쪽 꽃덮이에 있는 무늬를 보고 찾아온 곤충은 꿀을 찾아 안쪽으로 파고드는데, 이때 머리가 닿는 곳이 암술로 그 안에는 꽃가루가 있는 수술이 들어 있습니다.

- 꽃덮이: 6개(바깥쪽 3개, 안쪽 3개)
- 수술: 3개(암술 끝 안쪽에 들어 있다.)
- 암술: 1개(끝이 3개로 갈라지며 꽃잎처럼 보인다.)

닮은꼴 친구

붓꽃: 키가 60cm까지 크고 꽃받침이 변한 바깥 꽃덮이 안쪽에 노란 바탕의 진한 그물무늬가 있습니다.

제비꽃 *Viola mandshurica* 제비꽃과

- 전국의 길가나 들에 자라는 여러해살이풀
- 키: 10~15cm
- 잎: 모여나기, 잎자루 윗부분에 날개가 있는 길쭉한 세모 모양
- 꽃: 보라색, 4~6월
- 열매: 타원 모양, 3개로 갈라진다. 6~8월

나는 제비꽃이야. 꽃을 정면에서 봤을 때 날아가는 제비가 떠오르고, 제비가 나타나는 봄에 핀다고 이름 지어졌어. 또 꽃 2개를 서로 걸어 누가 더 오래 버티나 내기를 해서 씨름꽃이라고도 불려. 내 꿀주머니가 꼭 옛날에 우리나라에 쳐들어 오던 오랑캐의 머리를 닮았다고 해서 오랑캐꽃이라 불리기도 했어. 열매가 3갈래로 벌어지면 나오는 작은 씨앗에 개미가 좋아하는 먹이가 붙어 있어서 개미들이 그걸 먹고 씨앗을 퍼뜨려 주지.

❀ 관찰 포인트

뿌리에서 나오는 여러 개의 잎은 길쭉한 세모 모양이며 아래쪽으로 흘러 잎자루 윗부분에서 날개처럼 되는 것이 특징입니다. 꽃잎은 5개로 안쪽에 털이 있으며 맨 아래에 있는 꽃잎 뒤쪽으로 길쭉하게 튀어나온 꿀주머니가 있습니다. 곤충들은 이 꿀주머니에 있는 꿀을 먹으러 왔다가 꽃가루를 옮겨 줍니다. 우리나라에 있는 제비꽃 종류는 60가지가 넘을 정도로 많습니다. 그중에서도 제비꽃은 전국 어디에서나 볼 수 있지요.

· 꽃잎: 5개 · 꽃받침잎: 5개 · 수술: 5개 · 암술: 1개

열매

 닮은꼴 친구

남산제비꽃: 잎이 가늘게 갈라지고 흰색 꽃이 핍니다.

종지나물: 잎이 심장 모양이고 흰색 바탕에 보라색 무늬가 있는 꽃을 피웁니다.

졸방제비꽃: 꽃이 달리는 줄기에도 잎이 달리며 잎은 끝이 길쭉한 심장 모양입니다.

가는살갈퀴 *Vicia sativa* subsp. *nigra* 콩과

- 전국의 길가나 들에 자라는 두해살이풀
- 키: 60~150cm
- 잎: 어긋나기, 3~7쌍의 작은잎으로 이루어진 겹잎
- 꽃: 자주색, 4~6월
- 열매: 콩꼬투리 모양, 5~7월

나는 가는살갈퀴야. 잎이 가늘고, 잎 끝에 있는 덩굴손이 갈퀴를 닮았거든. 내 뿌리에는 뿌리혹박테리아라는 친구가 살고 있어. 그 친구는 뿌리에 살면서 공기 중에 있는 질소를 내가 흡수할 수 있게 만들어 줘. 덕분에 나는 영양가 있는 씨앗을 만들 수 있지.

뿌리혹

덩굴손

- 꽃잎: 5개
- 꽃받침: 5갈래
- 수술: 10개
- 암술: 1개

🌸 관찰 포인트

가지가 많이 갈라지며 덩굴로 뻗어 나갑니다. 잎은 여러 개의 작은잎으로 이루어져 있으며, 끝이 2~3개로 갈라져 덩굴손으로 되어 다른 물체를 감아 올라갑니다. 잎자루 아래에는 검은 점으로 보이는 꿀샘이 있는데, 개미는 이 꿀을 먹으러 와서 다른 해충을 쫓아 줍니다. 5개의 꽃잎 중 맨 위의 꽃잎이 제일 크며, 그 아래 크기가 다른 꽃잎 2쌍이 있습니다. 콩꼬투리 모양의 열매는 다 익으면 뒤틀리며 씨앗을 튕겨 보냅니다.

산괴불주머니 *Corydalis speciosa* 현호색과

- 전국의 산과 들에 자라는 두해살이풀
- 키: 20~50cm
- 잎: 어긋나기, 2~3번 가늘게 갈라지는 깃털 모양
- 꽃: 노란색, 4~5월
- 열매: 길쭉한 기둥 모양, 6~7월

열매

나는 산괴불주머니야. 산에 살면서, 색색의 헝겊을 접고 안에 솜을 넣어 만든 노리개(괴불주머니)를 닮은 꽃을 피운다고 이름 지어졌어. 내 줄기를 꺾으면 나쁜 냄새가 나는데, 그건 이른 봄에 내 줄기를 먹어 버리는 동물을 물리치기 위한 거야.

 관찰 포인트

아래에서 가지가 많이 갈라집니다. 여러 개의 꽃들이 포도송이처럼 달려 있으며, 각 꽃에는 어린 꽃을 감싸 주던 깃털 모양의 꽃싸개잎(포)과 2개의 작은 꽃받침잎이 있습니다. 꽃잎은 위아래에 1쌍이 있고, 안쪽에 1쌍이 있으며, 위에 있는 꽃잎의 끝은 길게 늘어져 꿀샘이 됩니다.

- 꽃잎: 4개(안쪽 1쌍은 끝이 서로 붙어 있습니다.)
- 꽃받침잎: 2개
- 수술: 6개(3개씩 2묶음)
- 암술: 1개

🍃🍃 닮은꼴 친구

자주괴불주머니: 자주색의 꽃을 피웁니다.

조팝나무 *Spiraea prunifolia* var. *simpliciflora* 장미과

- 제주도를 제외한 전국의 들이나 산에 자라는 나무
- 키: 1~2m
- 잎: 어긋나기, 길쭉한 타원 모양
- 꽃: 흰색, 4~5월
- 열매: 5개로 갈라진다. 9~10월

나는 조팝나무야. 줄기에 좁쌀이 붙어 있는 것 같다고 조밥나무로 불리다가 조팝나무가 되었어. 꽃이 활짝 피어 있으면 정말 좁쌀 뻥튀기가 다닥다닥 붙어 있는 것 같아. 꽃 하나하나는 또 얼마나 귀엽다고! 나는 가지를 잘라서 땅에 묻어도 금세 새 뿌리가 나오고 잘 커서 키우기 좋아. 내 몸에는 열을 내리고 아픈 걸 없애 주는 성분이 들어 있어서 약으로 쓰기도 해.

- 꽃잎: 5개
- 꽃받침잎: 5개
- 수술: 여러 개
- 암술: 5개

✿ 관찰 포인트

긴 꼬리 모양의 줄기에 하얀색 꽃이 다닥다닥 피어 있는 모습입니다. 꽃잎 5개는 서로 떨어져 있으며 가운데 노란색 수술이 여러 개 있습니다. 암술은 5개이고 각각 열매로 익으면 가운데가 갈라져 작고 기다란 씨앗들이 나옵니다. 꽃잎이 겹으로 피는 만첩조팝나무도 있습니다.

라일락 *Syringa vulgaris* 물푸레나무과

- 전국에 심어 기르는 나무
- 키: 2~4m
- 잎: 마주나기, 아래가 넓은 달걀 모양
- 꽃: 분홍색-흰색, 4~5월
- 열매: 끝이 뾰족한 타원 모양, 9~10월

나는 라일락이야. 꽃향기가 좋아서 사람들이 나를 정원에 즐겨 심어서 길러. 인기가 많은 만큼 나는 여러 종류의 품종으로 개발되어 왔어. 나랑 가장 많이 닮은 한국 토종 식물은 수수꽃다리야. 수수처럼 풍성한 꽃을 피운다고 이름 붙여진 이 식물은 나보다 잎이 더 넓적하고 꽃이 더 길쭉해. 그래서 나를 서양에서 온 수수꽃다리라는 뜻으로 서양수수꽃다리라고 부르기도 해.

 관찰 포인트

잎은 아래가 넓은 달걀 모양이며 끝이 뾰족합니다. 꽃은 통으로 되어 있으며 끝이 4개로 갈라져 있고 1개의 암술과 2개의 수술은 그 안에 들어가 있어 밖으로 보이지 않습니다. 꽃이 지고 나면 끝이 뾰족한 열매가 맺히는데 다 익으면 갈라지면서 좁은 날개가 달린 씨앗이 나옵니다.

- 꽃잎: 4갈래
- 꽃받침: 4갈래
- 수술: 2개
- 암술: 1개

🌿🌿 닮은꼴 친구

수수꽃다리: 라일락에 비해 잎이 더 넓고 꽃통은 더 길쭉합니다.

미스김라일락: 정원에 심어 가꾸며 꽃이 더 풍성하게 달립니다.

돌단풍 *Mukdenia rossii* 범의귀과

- 제주도를 제외한 전국의 계곡 바위틈에 자라는 여러해살이풀
- 키: 30~50cm
- 잎: 모여나기, 5~9개로 갈라진 단풍잎 모양
- 꽃: 붉은빛이 도는 흰색, 4~5월
- 열매: 끝이 뾰족한 달걀 모양, 7~8월

나는 돌단풍이야. 내 잎이 단풍나무의 잎처럼 손가락을 벌린 모양인데 주로 바위틈에 자라서 돌단풍이라 불려. 꽃도 예쁘지만 가을에는 잎에 붉은색의 예쁜 단풍이 들어서 화단에 많이 심어져 있지. 내가 원래 사는 물가의 바위틈은 비좁고 위험해서 살기에 힘들어 보이지만 그만큼 나를 먹는 동물들을 피해서 살 수 있어서 나에게는 안전한 곳이야.

- 꽃잎: 6개
- 꽃받침잎: 6개
- 수술: 6개
- 암술: 2개

암술

 관찰 포인트

돌단풍의 꽃받침은 꽃잎과 같은 흰색이어서 꼭 꽃잎처럼 보입니다. 꽃잎은 이보다 작으며 꽃받침잎 사이사이에 자리 잡고 있습니다. 암술은 2개이며 열매로 익으면 끝이 뾰족한 달걀 모양이 됩니다. 수술에 있는 꽃가루는 진한 자주색 주머니(꽃밥)에 들어 있다가 주머니가 양쪽으로 뒤집히면서 나옵니다. 돌단풍의 꽃잎, 꽃받침잎, 수술의 개수는 주로 6개이지만 간혹 5개나 7개인 경우도 있습니다.

황매화 *Kerria japonica* 장미과

- 전국에 심어 기르는 나무
- 키: 1~2m
- 잎: 어긋나기, 끝이 길쭉한 달걀 모양
- 꽃: 노란색, 4~5월
- 열매: 5개로 갈라진다. 8~10월

나는 황매화야. 매화를 닮은 노란색 꽃을 피운다고 이름 지어졌어. 꽃이 활짝 피면 녹색의 잎과 함께 아름다운 풍경을 만들어서 공원에도 많이 심어. 내 꽃보다 꽃잎이 여러 겹인 꽃을 피우는 죽단화는 꽃이 풍성해 보이지만, 수술이 꽃잎으로 바뀐 것이라서 열매를 맺지는 못해.

열매

🌸 관찰 포인트

많은 곁줄기를 내어 무리를 이루며 자랍니다. 겨울에도 초록빛을 갖는 가지는 길게 자라 아래로 늘어집니다. 꽃잎과 꽃받침잎은 각각 5개이며 수술은 많고 그 가운데 암술이 있습니다. 암술은 주로 5개이고 열매로 익으면 각각 갈라지며, 그때에도 꽃받침이 남아 있습니다. 황매화와 닮았으나 꽃잎이 겹으로 되어 있는 죽단화는 관상가치가 높아 공원에 더 많이 심기도 합니다.

- 꽃잎: 5개
- 꽃받침잎: 5개
- 수술: 여러 개
- 암술: 5개

 닮은꼴 친구

죽단화: 겹으로 된 꽃잎의 꽃을 피웁니다.

고들빼기 *Crepidiastrum sonchifolium* 국화과

- 전국의 산과 들에 자라는 한해 또는 두해살이풀
- 키: 20~100cm
- 잎: 뿌리잎은 긴 타원 모양, 줄기잎은 어긋나며 줄기를 감싼다.
- 꽃: 노란색, 4~9월
- 열매: 하얀 털이 달려 있다. 5~10월

나는 고들빼기야. 내 뿌리를 생으로 먹으면 엄청 써서 아주 쓴(苦) 뿌리(葵)라는 뜻인 '고돌'이 변해서 고들빼기가 되었어. 나로 만든 김치를 먹어 본 적이 있어? 약간 쌉쌀한 맛이 나지만 거기에 좋은 성분이 많아서 몸을 튼튼하게 해 준다고! 그래서 쓴맛은 내 매력 포인트야.

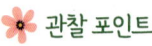
관찰 포인트

전체에 털이 없으며 줄기에 자줏빛이 돕니다. 뿌리에서 나온 잎은 꽃이 필 때까지 남아 있고 줄기에 달리는 잎은 아랫부분이 넓어져 줄기를 감싸는 것이 특징입니다. 한 송이처럼 보이는 꽃은 여러 개의 작은 혀모양꽃으로 이루어져 있으며, 각 꽃에는 꽃받침이 변한 갓털이 달려 있습니다. 이 갓털을 가지고 열매는 바람을 따라 멀리 날아갈 수 있습니다.

- 꽃잎: 5갈래
- 꽃받침: 털 모양(갓털)
- 수술: 5개가 통을 이룬다.
- 암술: 1개(끝이 2개로 갈라진다.)

열매

닮은꼴 친구

뿌리뱅이: 전체에 털이 있으며 뿌리에서 길쭉한 꽃줄기가 나옵니다.

노랑선씀바귀 *Ixeris chinensis* 국화과

- 전국의 길가나 들에 자라는 여러해살이풀
- 키: 10~35cm
- 잎: 뿌리잎은 모여나며 긴 타원 모양, 줄기잎은 어긋나며 길쭉한 모양
- 꽃: 노란색(드물게 흰색), 4~6월
- 열매: 하얀 털이 달려 있다. 5~7월

나는 노랑선씀바귀야. 꽃이 노란색이고, 줄기가 곧게 서며, 쓴맛이 난다는 뜻이야. 내 몸에는 좋은 성분이 많이 들어 있어서 건강에 좋아. 내 꽃은 한 송이처럼 보이지만 사실은 여러 개의 작은 꽃이 모여 있는 거야. 벌과 나비 같은 곤충들에게 더 잘 보이려는 우리 국화과의 전략이지.

 관찰 포인트

전체에 털이 없으며, 줄기에 달린 잎은 줄기를 감싸지 않습니다. 한 송이처럼 보이는 꽃은 여러 개의 작은 혀모양꽃으로 이루어져 있으며, 그 바깥을 꽃싸개잎(포)들이 감싸고 있습니다. 각 꽃에는 5개의 갈색 수술이 통을 이루고 있고, 그 가운데로 끝이 2개로 갈라진 암술이 나와 있습니다.

- 꽃잎: 5갈래
- 꽃받침: 털 모양(갓털)
- 수술: 5개가 통을 이룬다.
- 암술: 1개(끝이 2개로 갈라진다.)

열매

닮은꼴 친구

쓴바귀: 혀모양꽃의 개수가 5~12개로 적습니다.

좀씀바귀: 잎이 작고 둥근 모양입니다.

줄딸기 *Rubus oldhamii* 장미과

- 전국의 산과 들에 자라는 나무
- 키: 2~3m
- 잎: 어긋나기, 5~9개의 작은잎으로 이루어진 겹잎
- 꽃: 분홍색, 4~5월
- 열매: 둥근 모양, 7~8월

나는 줄딸기야. 옆으로 비스듬히 줄처럼 뻗으며 자라는 줄기를 가진 딸기이지. 덩굴지어 자란다고 덩굴딸기라고도 불려. 빨갛게 익는 내 열매는 생으로 먹기도 하고 잼을 만들어서 먹기도 해. 열매를 따먹을 땐 내 몸에 난 가시에 찔리지 않게 조심해야 해.

열매

 관찰 포인트

줄기와 꽃자루에 가시가 있습니다. 꽃받침 안쪽으로 5개의 꽃잎과 많은 수의 수술 및 암술이 있는데, 각각의 암술들이 열매를 맺으면 모여서 하나의 열매처럼 보입니다.

- 꽃잎: 5개
- 꽃받침잎: 5개
- 수술: 여러 개
- 암술: 여러 개

닮은꼴 친구

산딸기: 3~5갈래로 갈라진 하나의 잎으로 되어 있습니다.

멍석딸기: 뒷면이 흰 털로 덮인 잎은 3개의 작은잎으로 이루어져 있으며, 꽃잎이 위를 보고 핍니다.

팥배나무 *Sorbus alnifolia* 장미과

- 전국의 산에 자라는 나무
- 키: 10~20m
- 잎: 어긋나기, 넓은 타원 모양
- 꽃: 흰색, 4~6월
- 열매: 타원 모양, 9~10월

나는 팥배나무야. 팥처럼 생긴 열매를 맺는 배나무라는 뜻이야. 빨갛게 익는 팥 모양의 열매는 새들이 아주 좋아하는 먹이야. 그래서 가을이면 새들이 유난히 많이 나를 찾아오지. 봄에 피는 흰색 꽃을 찾았으면 그 꽃이 가을에 어떻게 열매가 되는지 계속 지켜봐 줄래?

- 꽃잎: 5개
- 꽃받침잎: 5개
- 수술: 여러 개
- 암술: 1개(끝이 2~3개로 갈라져 있다.)

열매

🌸 관찰 포인트

5개의 꽃받침잎 안쪽에 흰색 꽃잎이 5개 있습니다. 꽃 중앙에는 끝이 2~3개로 갈라져 있는 암술이 있으며, 그 둘레로 여러 개의 수술이 있습니다. 꽃가루를 다 내보낸 꽃가루주머니(꽃밥)는 갈색으로 변하고, 암술은 꽃가루를 받아 열매로 발달합니다.

박태기나무 *Cercis chinensis* 콩과

- 전국에 심어 기르는 나무
- 키: 2~5m
- 잎: 어긋나기, 하트 모양
- 꽃: 자주색, 4월
- 열매: 콩꼬투리 모양, 9~10월

나는 박태기나무야. 꽃이 피기 전의 모양이 꼭 밥알처럼 생겨서 밥풀떼기, 밥티기라고 하다가 박태기나무가 되었어. 줄기에 다닥다닥 붙어 있는 꽃이 구슬같아서 구슬꽃나무라고도 해. 내 열매는 콩꼬투리 모양인데, 다 익으면 둘로 갈라지면서 5~8개의 씨앗이 나와.

열매

- 꽃잎: 5개
- 꽃받침: 5갈래
- 수술: 10개
- 암술: 1개

남아 있는 수술

🌸 **관찰 포인트**

하트 모양의 잎보다 먼저 피는 꽃은 가지에 다닥다닥 붙어 달립니다. 꽃받침은 끝이 살짝 갈라진 통 모양이며 끝이 5개로 갈라져 있습니다. 꽃잎 5개로 꽃이 피면 위쪽 3개의 꽃잎은 바깥으로 벌어지지만, 아래 2개의 꽃잎은 벌어지지 않습니다. 벌어지지 않은 꽃잎 안쪽에는 10개의 수술과 1개의 암술이 들어 있습니다. 암술이 열매로 익을 때면 꽃잎은 일찍 떨어지지만 수술은 오래 남아 있습니다.

귀룽나무 *Prunus padus* 장미과

- 전국의 산골짜기에 자라는 나무
- 키: 15m
- 잎: 어긋나기, 긴 타원 모양
- 꽃: 흰색, 4~6월
- 열매: 둥근 모양, 7~9월

나는 귀룽나무야. 정확하지는 않지만 구룡목(九龍木)이나 구름나무에서 유래한 이름이라고 해. 봄에 꽃이 만발하면 구름이 뭉게뭉게 떠 있는 것처럼 보이기도 해. 내 꽃은 포도송이처럼 주렁주렁 달려서 감상하기도 좋지만 향기는 또 얼마나 좋다고! 꿀이 많아서 벌들도 좋아하지. 하지만 가지를 꺾으면 고약한 냄새가 나.

새싹

- 꽃잎: 5개
- 꽃받침잎: 5개
- 수술: 여러 개
- 암술: 1개

 관찰 포인트

나무들 중에서 가장 먼저 잎을 피우는 나무에 속하기 때문에 같은 식구인 매실나무나 벚나무가 꽃을 피울 때 귀룽나무는 잎을 피웁니다. 꽃잎과 꽃받침잎은 5개씩이고 수술은 많으며 암술은 1개입니다. 꽃이 지고 나면 동그란 열매가 열리는데, 검은색으로 익으며 안에 딱딱한 핵이 들어 있습니다. 귀룽나무는 꽃자루와 잎의 털 유무나 색, 꽃자루의 길이 등으로 여러 변종으로 나누었으나 이제는 모두 하나의 종으로 보고 있습니다.

뱀딸기 *Duchesnea indica* 장미과

- 전국의 들에 자라는 여러해살이풀
- 키: 30~100cm, 옆으로 길게 자란다.
- 잎: 어긋나기, 3개의 작은잎으로 이루어진 겹잎
- 꽃: 노란색, 4~5월
- 열매: 둥근 모양, 6~7월

나는 뱀딸기야. 뱀이 기어가는 것처럼 줄기가 땅 위를 길게 뻗으며 자라는 딸기라는 뜻이야. 노란색 꽃이 지고 나면 열리는 빨간색 딸기는 그냥 먹기도 하지만 맛이 달지는 않아서 여기에 설탕을 넣고 잼으로 만들어 먹기도 해.

열매

- 꽃잎: 5개
- 꽃받침잎: 5개(부꽃받침잎 5개)
- 수술: 여러 개
- 암술: 여러 개

🌸 관찰 포인트

전체에 털이 있습니다. 잎은 주로 3개의 작은잎으로 이루어져 있지만, 간혹 5개인 경우도 있습니다. 꽃받침 바깥에 아래를 향한 또 하나의 꽃받침(부꽃받침)이 있는 것이 특징입니다. 꽃받침 안쪽으로 5개의 꽃잎과 많은 수의 수술 및 암술이 있는데, 각각의 암술들이 열매를 맺으면 모여서 하나의 열매처럼 보입니다.

괭이밥 *Oxalis corniculata* 괭이밥과

- 전국의 길가나 들에 자라는 여러해살이풀
- 키: 10~30cm
- 잎: 어긋나기, 3개의 하트 모양
- 꽃: 노란색, 4~10월
- 열매: 각이 진 길쭉한 기둥 모양, 5~10월

나는 괭이밥이야. 고양이가 배가 아플 때 나를 뜯어 먹는다고 해서 고양이밥으로 불리다가 괭이밥이 되었어. 또 내 잎을 먹으면 신맛이 나서 시금초로 불리기도 했어. 이 신맛이 나는 물질 때문에 내 잎을 가지고 거울이나 동전을 닦으면 반짝반짝해지지. 나는 낮에 햇빛이 있을 때면 잎을 쫙 펴고 있다가 밤에 햇빛이 사라지면 잎을 오므리고 잠을 자.

턱잎

🌸 **관찰 포인트**

괭이밥은 전체에 털이 있고 줄기가 아래에서 많이 갈라지며 땅 위를 기듯이 자랍니다. 자주색 또는 녹색 하트 모양 잎 3개가 하나의 잎을 이루고 있으며 잎자루 아래 턱잎(잎이 나올 때 잎을 보호하던 잎)이 뚜렷한 것이 특징입니다. 수술은 10개인데 2줄로 되어 있으며 5개가 나머지 5개보다 깁니다. 열매가 다 익으면 껍질이 터지면서 씨앗이 튕겨 날아갑니다.

- 꽃잎: 5개
- 꽃받침잎: 5개
- 수술: 10개(5개는 길다.)
- 암술: 1개(끝이 5개로 갈라진다.)

닮은꼴 친구

들괭이밥: 땅에 기면서 자라는 괭이밥에 비해 기는 줄기가 거의 없이 서서 자랍니다. 열매가 익으면 열매자루가 아래로 굽는 것이 특징이며 턱잎이 매우 작아 잘 보이지 않습니다.

개쑥갓 *Senecio vulgaris* 국화과

- 전국의 길가나 들에 자라는 한해 또는 두해살이풀
- 키: 10~45cm
- 잎: 어긋나기, 거친 톱니가 있는 깃 모양
- 꽃: 노란색, 4~10월
- 열매: 하얀 털이 달려 있다. 5~11월

나는 개쑥갓이야. 매운탕에 넣어 먹는 쑥갓이랑 닮은 잎을 갖지만 맛이 쑥갓만은 못하다는 뜻으로 개쑥갓이라고 해. 나는 여기저기 아주 흔하게 자라는데, 그래서 농작물을 심은 밭에서는 골칫덩이 잡초라고 하니 난감할 뿐이야. 하지만 나는 말려서 끓여 먹거나 물에 넣어 목욕을 하면 아픈 것이 가라앉아 진통제로 쓰이기도 해.

- 꽃잎: 5갈래
- 꽃받침: 털 모양(갓털)
- 수술: 5개가 통을 이룬다.
- 암술: 1개(끝이 2개로 갈라진다.)

열매

🌸 관찰 포인트

줄기에 붉은빛이 돌며 줄기 끝에 달리는 꽃은 한 송이처럼 보이지만 사실 여러 개의 작은 통모양 꽃들로 이루어져 있습니다. 그래서 다 핀 상태여도 활짝 벌어지지 않는 것처럼 보이며 꽃이 지고 나면 하얀 털을 단 열매들이 모여 공 모양이 됩니다. 그 하얀 털을 갓털이라고 하는데 각 통꽃에 있던 꽃받침이 변한 것입니다.

덜꿩나무 *Viburnum erosum* 산분꽃나무과

- 경기 이남의 산에 자라는 나무
- 키: 2~3m
- 잎: 마주나기, 끝이 길게 뾰족한 달걀 모양
- 꽃: 흰색, 4~5월
- 열매: 둥근 모양, 9~10월

나는 덜꿩나무야. 들에 사는 꿩이 빨갛게 익는 내 열매를 좋아해서 들꿩나무라고 하다가 덜꿩나무가 되었어. 내 꽃은 피고 나서도 예쁘지만 피기 전인 봉오리 상태도 무척 예뻐. 마치 별이 빛나고 있는 것 같다니까!

턱잎

🌸 관찰 포인트

잎 양면에 털이 많아서 만져 보면 다소 까칠한 느낌이 납니다. 꽃자루에도 털이 많이 나 있으며, 잎자루에 어린잎을 보호하던 턱잎이 달려 있는 것이 특징입니다. 꽃받침과 꽃잎은 5개로 갈라져 있으며 수술은 5개이고 암술은 1개입니다.

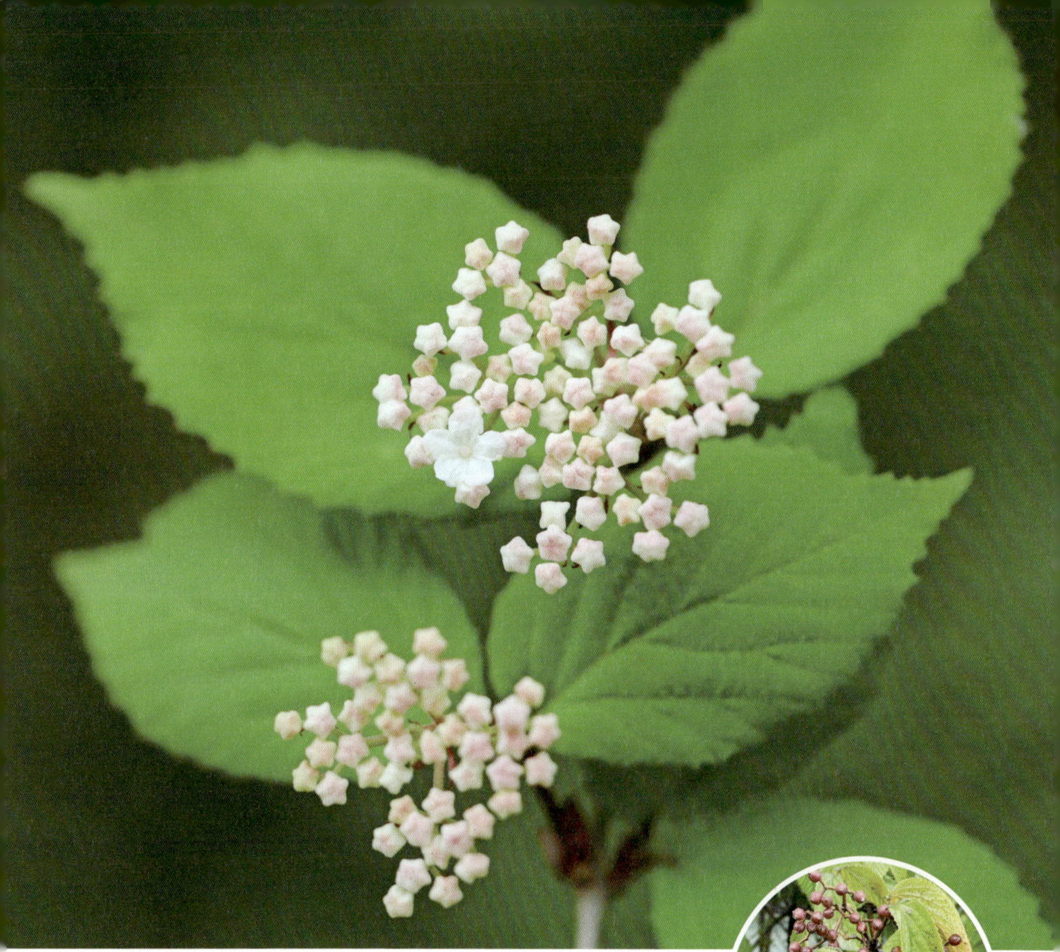

· 꽃잎: 5갈래
· 꽃받침: 5갈래
· 수술: 5개
· 암술: 1개

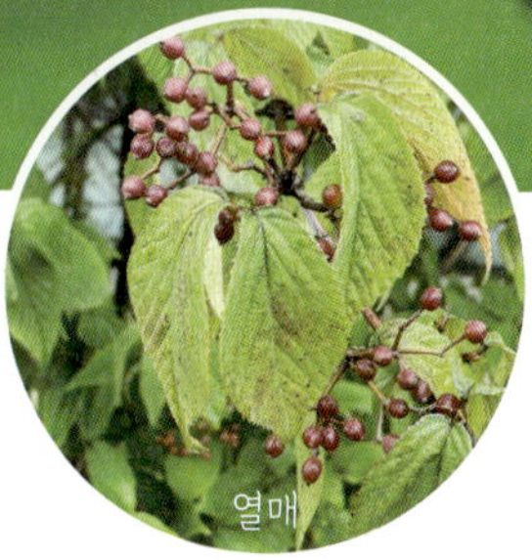

열매

닮은꼴 친구

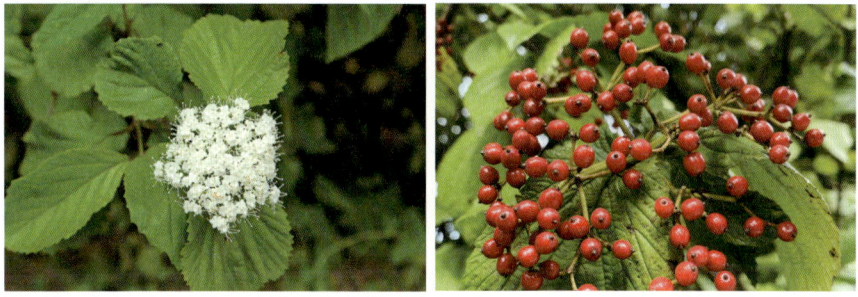

가막살나무: 덜꿩나무에 비해 잎자루 아래 턱잎이 없습니다.

명자나무 *Chaenomeles speciosa* 장미과

- 전국에 심어 기르는 나무
- 키: 1~2m
- 잎: 어긋나기, 긴 타원이나 달걀 모양
- 꽃: 빨간색(분홍색-흰색), 4~5월
- 열매: 둥근 모양, 9~10월

나는 명자나무야. 중국에서 온 한자 이름인 명사(榠樝)에서 변한 이름이지. 명자꽃 또는 산당화라 부르기도 해. 빨간색으로 피는 내 꽃이 예뻐서 여기저기 많이 심겨 있어. 나를 비롯해서 나와 닮은 풀명자나무와 모과나무의 열매를 약으로 쓸 때는 모두 모과라고 부르는데, 몸에도 좋고 향기도 참 좋아. 가을에 열매가 노랗게 익으면 다시 날 찾아와서 향기를 맡아 보지 않을래?

 관찰 포인트

줄기에 있는 가지가 가시로 변해 있어서 찔릴 수도 있으니 조심해야 합니다. 잎 가장자리에는 날카롭게 뾰족한 톱니가 있습니다. 꽃잎과 꽃받침잎 모두 5개씩이며 노란색 수술은 많고 암술은 1개인데 끝이 5개로 갈라져 있습니다. 암술이 없이 수술만 있는 수꽃이 따로 피기도 합니다. 분홍색이나 흰색의 꽃이 피는 경우도 있습니다.

- 꽃잎: 5개
- 꽃받침잎: 5개
- 수술: 여러 개
- 암술: 1개(끝이 5개로 갈라진다.)

🌿🍃 닮은꼴 친구

풀명자나무: 잎의 끝이 둥글고 잎 가장자리의 톱니는 둥글고 둔합니다.

모과나무: 분홍색의 꽃을 피우며 열매가 10cm 이상으로 큽니다.

토끼풀 *Trifolium repens* 콩과

- 전국의 길가나 들에 자라는 여러해살이풀
- 키: 10~30cm
- 잎: 어긋나기, 3개의 작은잎으로 이루어진 겹잎
- 꽃: 흰색, 4~10월
- 열매: 콩꼬투리 모양, 4~10월

나는 토끼가 좋아한다는 토끼풀이야. 꽃송이가 토끼 꼬리를 닮았다고도 해. 나는 쓰임이 많은 식물이야. 동물의 사료는 물론이고 땅을 비옥하게 하는 데도 쓰여. 내 뿌리에 사는 뿌리혹박테리아가 공기 중의 질소를 땅으로 가져와서 나뿐만 아니라 다른 식물까지도 흡수하게 만들어 주거든. 그래서 내가 있는 곳은 식물이 잘 자라는 땅이 돼.

뿌리

🌸 관찰 포인트

줄기가 땅 위로 뻗어 가며 마디에서 뿌리를 내립니다. 잎은 주로 3개의 작은잎으로 이루어져 있지만, 간혹 4개인 경우도 있습니다. 한 송이처럼 보이는 꽃은 수십 개의 작은 꽃들로 이루어져 있으며 아래쪽 꽃부터 피기 시작합니다. 암술에 꽃가루가 닿으면 꽃이 아래로 쳐지면서 갈색으로 변합니다.

- 꽃잎: 5개
- 꽃받침: 5갈래
- 수술: 10개
- 암술: 1개

열매

🌿🌿 닮은꼴 친구

붉은토끼풀: 자주색 꽃이 핍니다.

갈퀴덩굴 *Galium spurium* var. *echinospermon* 꼭두서니과

- 전국의 산과 들에 자라는 두해살이풀
- 키: 40~100cm, 덩굴로 자란다.
- 잎: 돌려나기, 좁고 길쭉한 모양
- 꽃: 연두색, 5~6월
- 열매: 2개씩 붙은 방울 모양, 7~8월

나는 갈퀴덩굴이야. 전체에 갈퀴 같은 가시가 많은 덩굴이라서 이름 지어졌어. 갈고리처럼 생긴 가시 때문에 나를 잘못 만지면 다치기도 해. 하지만 난 이 가시 덕분에 어디든 기어 올라가서 자랄 수 있고, 열매가 동물의 몸에 붙어 멀리 이동할 수 있어. 그래서 나에게는 참 고마운 가시야.

열매

- 꽃잎: 4갈래
- 꽃받침: 고리 모양
- 수술: 4개
- 암술: 2개

🌸 관찰 포인트

가지를 많이 치며 덩굴로 자랍니다. 줄기는 네모지며, 아래를 향한 가시가 많이 있습니다. 잎은 6~8개씩 돌려나고 끝이 아주 뾰족합니다. 고리 모양의 꽃받침은 작아서 거의 보이지 않으며, 꽃잎은 4개로 갈라져 있습니다. 수술은 4개이고 암술은 2개이며, 열매에도 가시가 많습니다.

금낭화 *Dicentra spectabilis* 현호색과

- 전국의 산에 자라는 여러해살이풀
- 키: 40~50cm
- 잎: 어긋나기, 3개씩 2번 갈라지는 겹잎
- 꽃: 분홍색, 5~6월
- 열매: 기둥 모양, 7~8월

나는 금낭화야. 비단(금, 錦) 주머니(낭, 囊)처럼 생긴 꽃을 피운다는 뜻이래. 긴 꽃줄기에 주렁주렁 달린 꽃이 예뻐서 무척이나 사랑받고 있지. 꽃이 피면 벌어지는 분홍색 꽃잎 2개는 마치 말괄량이가 양 갈래 머리를 묶고 있는 것 같아.

열매

씨앗

- 꽃잎: 4개
- 꽃받침잎: 2개
- 수술: 6개(2묶음)
- 암술: 1개

암술과 수술 　 안쪽 꽃잎

🌸 관찰 포인트

줄기와 잎은 흰 가루로 덮여 있는 것처럼 보입니다. 2개인 꽃받침잎은 빨리 떨어져 버리고, 4개의 꽃잎 중 바깥 꽃잎 2개는 분홍색으로 하트 모양을 이루며 꽃이 피면서 길게 나온 끝이 위로 올라갑니다. 그리고 안쪽 꽃잎 2개는 흰색으로 양손을 모은 모양입니다. 수술은 3개씩 2묶음으로 되어 있고, 가운데 1개의 암술이 있습니다. 열매는 끝이 뾰족한 기둥 모양으로 안에는 개미의 먹이가 되는 흰색 지방체(엘라이오솜)가 붙은 검은색 씨앗이 들어 있습니다.

뽕나무 *Morus alba* 뽕나무과

- 전국에 심어 기르는 나무
- 키: 12m
- 잎: 어긋나기, 달걀 모양
- 꽃: 녹색, 5월
- 열매: 타원 모양, 6~7월

나는 뽕나무야. 내 열매인 오디를 먹으면 소화가 잘돼서 방귀를 뽕뽕 뀌게 된다고 뽕나무래. 검게 익는 열매는 맛이 좋아서 생으로도 먹고 설탕에 절여 먹기도 해. 내 잎은 비단을 만드는 누에의 먹이로 쓰기도 했어. 이렇게 쓰임이 많은 나는 원래 밭에 심어 기르던 것인데 여기저기 씨앗이 떨어져 자라기도 해.

열매

- 꽃잎: 없다.
- 꽃받침: 4갈래
- 수술: 4개
- 암술: 1개(끝이 2개로 갈라진다.)

🌸 **관찰 포인트**

열매로 되는 암술만 있는 꽃(암꽃)과 꽃가루를 내어 주는 수술만 있는 꽃(수꽃)이 따로 피며, 각각 여러 개가 하나의 줄기에 모여 핍니다. 암꽃과 수꽃의 꽃받침은 4갈래이고 꽃잎은 없습니다. 수꽃에는 4개의 수술이 있고 암꽃에는 1개의 암술이 있습니다. 암술은 끝이 2개로 갈라져 있으며, 하나의 줄기에 달린 여러 개의 암꽃이 합쳐져 1개의 열매로 자라납니다. 이렇게 여러 개의 꽃이 모여 하나의 열매(집합과-다화과)가 되는 것에는 파인애플이 있습니다.

전호 *Anthriscus sylvestris* 미나리과

- 전국의 산에 자라는 여러해살이풀
- 키: 50~120cm
- 잎: 어긋나기, 2~3번 갈라지는 깃털 모양
- 꽃: 흰색, 5~6월
- 열매: 긴 타원 모양, 6월

나는 전호야. 전호(前胡)라는 중국이름을 그대로 부르는 거래. 내 잎은 맛과 향이 좋아서 사생이라는 나물로 유명해. 내가 속해 있는 가족인 미나리과에는 나 말고도 나물이 많이 있어. 미나리, 방풍, 당귀, 셀러리, 회향 등 향이 좋은 나물들이 많지. 그중에는 나물 중에 진짜 나물이라는 참나물도 있어.

- 꽃잎: 5개
- 꽃받침: 5갈래
- 수술: 5개
- 암술: 1개(끝이 2개로 갈라진다.)

열매

 관찰 포인트

잎자루가 줄기를 감싸는 것이 미나리과의 특징입니다. 작은 꽃 1개에 달린 꽃받침은 작아서 거의 보이지 않으며, 5개의 꽃잎 중 바깥쪽 1개는 크기가 더 큽니다. 수술은 5개이고, 암술은 1개이며 끝이 2개로 갈라져 있습니다.

붉은병꽃나무 *Weigela florida* 병꽃나무과

- 전국의 산에 자라는 나무
- 키: 1~3m
- 잎: 마주나기, 길쭉한 타원 모양
- 꽃: 붉은색, 5~6월
- 열매: 긴 기둥 모양, 9~11월

나는 붉은병꽃나무야. 꽃색이 붉고, 병처럼 생긴 꽃을 피운다고 이름 지어졌어. 꽃을 보면 병이 아니라 나팔이 떠오르겠지만 옛날에 많이 쓰던 호리병은 아래로 갈수록 넓어지기 때문에 아마도 그걸 보고 이름을 붙였나 봐. 난 꽃이 예뻐서 정원에도 많이 심어.

 관찰 포인트

꽃잎과 꽃받침은 모두 통으로 되어 있으며 끝이 5개로 갈라져 있습니다. 수술은 5개이고 밖으로 길게 튀어나온 암술이 1개 있습니다. 암술 끝은 꽃가루를 잘 받기 위해 크고 둥글게 되어 있습니다. 열매는 길쭉한 기둥 모양이며 다 익으면 갈라집니다.

- 꽃잎: 5갈래
- 꽃받침: 5갈래
- 수술: 5개
- 암술: 1개

 닮은꼴 친구

병꽃나무: 꽃이 노란색으로 피었다가 붉은색으로 변합니다.

일본병꽃나무: 잎이 크고 넓으며, 꽃이 흰색으로 피었다가 붉은색으로 변합니다.

때죽나무 *Styrax japonicus* 때죽나무과

- 강원도 이남의 산에 자라는 나무
- 키: 4~8m
- 잎: 어긋나기, 타원 모양
- 꽃: 흰색, 5~6월
- 열매: 끝이 뾰족한 공 모양, 9~11월

나는 때죽나무야. 내 열매 껍질을 가지고 빨래를 하면 때가 쭉쭉 빠진대. 또 그걸 빻아서 물에 풀면 물고기 떼가 죽는다고도 해. 사실 내 열매에는 사포닌이 들어 있어서 먹으면 아릿한 맛이 나니까 조심해야 해. 내 가지에는 고양이 발처럼 보이는 벌레주머니(충영)가 달리기도 하는데 그건 때죽납작진딧물이 만들어 놓은 거야.

열매

충영

 관찰 포인트

가지 끝에 1~6개씩 달리는 꽃은 아래로 고개를 숙이며 피어나는데, 무척 향기롭습니다. 꽃받침과 꽃잎이 5로 갈라져 있으며, 그 안에 10개의 수술과 1개의 암술이 있습니다. 열매는 회색 털에 덮여 익어 가며 주로 1개의 씨앗이 들어 있습니다.

- 꽃잎: 5갈래
- 꽃받침: 5갈래
- 수술: 10개
- 암술: 1개

닮은꼴 친구

쪽동백나무: 때죽나무에 비해 잎이 크고 둥글며, 꽃이 포도송이처럼 많이 달립니다.

찔레나무 *Rosa multiflora* 장미과

- 전국의 산에 자라는 나무
- 키: 2~4m
- 잎: 어긋나기, 5~9개의 작은잎으로 이루어진 겹잎
- 꽃: 흰색, 5~6월
- 열매: 둥근 모양, 9~10월

나는 찔레나무야. 가시가 많아서 찔린다고 찔레나무래. 나는 흰색의 꽃을 피우는데, 아름다운 모습으로 유명한 장미의 원조가 바로 나야. 내 꽃에는 맛있는 꽃가루가 잔뜩 있어서 내 꽃가루를 옮겨 주는 곤충들에게 먹이로 나눠 주곤 해. 그래서 내 꽃에는 곤충들의 발길이 끊이질 않아.

- 꽃잎: 5개
- 꽃받침잎: 5개
- 수술: 여러 개
- 암술: 1개

열매

🌸 관찰 포인트

옆에 있는 나무를 타고 오르거나 비스듬하게 자랍니다. 줄기에는 줄기껍질이 변한 가시가 있습니다. 꽃잎과 꽃받침잎은 5개씩이고, 꽃잎 끝은 오목하게 들어가 있습니다. 꽃가루를 내어 주는 노란색 수술은 여러 개가 있으며, 그 가운데 1개의 암술이 있습니다. 암술 끝에 꽃가루가 닿으면 맺히는 동그란 열매는 빨갛게 익습니다.

아까시나무 *Robinia pseudoacacia* 콩과

- 전국의 산에 자라는 나무
- 키: 10~25m
- 잎: 어긋나기, 8~19개의 작은잎으로 이루어진 겹잎
- 꽃: 흰색, 5~6월
- 열매: 콩꼬투리 모양, 9~10월

나는 아까시나무야. 나를 아카시아(Acacia)라고 잘못 부르곤 하는데, 내 잎이 아카시아의 잎과 닮아서 '가짜 아카시아(pseudoacacia)'란 이름을 붙였다가 그리 되었어. 그래서 진짜 아카시아와 구별하려고 아까시나무라고 했지. 향기가 아주 좋은 내 꽃은 꿀이 많아서 그냥 먹어도 맛있어.

- 꽃잎: 5개
- 꽃받침: 5갈래
- 수술: 10개
- 암술: 1개

열매

🌸 **관찰 포인트**

줄기에 가시가 있는데, 특히 어린 나무에는 커다란 가시가 있습니다. 꽃받침은 끝이 5개로 갈라지고 꽃잎은 5개입니다. 맨 위에 있는 꽃잎은 위로 벌어지고, 그 아래 4개의 꽃잎이 포개져 있습니다. 그 안에는 10개의 수술과 1개의 암술이 들어 있습니다. 열매는 콩꼬투리 모양으로 다 익으면 말라서 벌어집니다.

족제비싸리 *Amorpha fruticosa* 콩과

- 전국의 길가나 들에 자라는 나무
- 키: 2~3m
- 잎: 어긋나기, 11~21개의 작은잎으로 이루어진 겹잎
- 꽃: 자주색, 5~6월
- 열매: 콩꼬투리 모양, 9~11월

나는 족제비싸리야. 나를 건드리면 독한 냄새가 나는데 그게 스컹크처럼 족제비가 위험해지면 뿜는 냄새 같다고 해. 또 내 꽃줄기가 족제비 꼬리를 닮기도 해서 이름 지어졌어. 나는 땅을 비옥하게 만들고, 잎과 줄기는 가축의 먹이로 쓰이며, 꽃에 꿀도 많고 씨앗에서는 기름을 짜기도 하는 등 아주 유용한 식물이야. 그런데 너무 많이 번져서 미움을 받기도 해.

열매

꽃봉오리

- 꽃잎: 1개
- 꽃받침: 5갈래
- 수술: 10개
- 암술: 1개

꽃가루주머니

 관찰 포인트

꽃은 아래에서부터 위로 피어납니다. 꽃받침은 5갈래로 갈라져 있고, 자주색 꽃잎은 1개뿐이며 통으로 되어 있습니다. 통꽃 안에는 10개의 수술과 1개의 암술이 들어 있습니다. 꽃가루를 담고 있는 주머니(꽃밥)는 노란색으로 나와서 흰색의 꽃가루를 내보내고 나면 갈색으로 변합니다. 열매는 타원 모양인데, 겉에 우툴두툴한 돌기가 있는 것이 특징입니다.

지칭개 *Hemistepta lyrata* 국화과

- 전국의 길가나 들에 자라는 두해살이풀
- 키: 60~90cm
- 잎: 어긋나기, 여러 갈래로 갈라진 깃털 모양
- 꽃: 분홍색, 5~7월
- 열매: 우산 모양 털이 달려 있다. 7월

잎뒷면

나는 지칭개야. 옛말 '즈츰개'에서 온 이름인데, 엉겅퀴보다 약효가 못하다(지친것)는 것에서 유래했어. 겨울 동안 땅에 붙어 자라는 잎은 물에 삶아 쓴맛을 없애고 나물로 먹어. 내 뿌리에는 주위에 있는 다른 식물을 자라지 못하게 하는 성분이 있는데, 이것을 제초제로 개발하면 어떨까?

· 꽃잎: 5갈래   · 꽃받침: 털 모양(갓털)   · 수술: 5개가 통을 이룬다   · 암술: 1개(끝이 2개로 갈라진다.)

🌸 관찰 포인트

여러 갈래로 된 잎 뒷면은 흰 거미줄 같은 털이 많이 있습니다. 한 송이처럼 보이는 꽃은 여러 개의 통모양꽃으로 이루어져 있으며, 그 바깥쪽으로 꽃싸개잎(포)들이 꽃을 감싸고 있습니다. 꽃싸개잎의 겉에는 돌기가 튀어나와 있는 것이 특징입니다. 통모양꽃 하나를 보면 꽃받침이 변한 갓털과 5개로 갈라진 꽃잎이 있으며 그 안에 수술과 암술이 들어 있습니다.

🌿 닮은꼴 친구

조뱅이: 꽃을 감싸고 있는 꽃싸개잎에 돌기가 없으며, 잎이 갈라지지 않습니다.

엉겅퀴: 꽃을 감싸고 있는 꽃싸개잎에 돌기가 없으며, 갈라진 잎에는 가시가 많습니다.

큰금계국 *Coreopsis lanceolata* 국화과

- 전국에 심어 기르는 여러해살이풀
- 키: 30~70cm
- 잎: 뿌리잎은 모여나며 주걱 모양, 줄기잎은 마주나며 3개로 갈라진다.
- 꽃: 노란색, 5~8월
- 열매: 양쪽에 날개가 달린 원반 모양, 8월

난 큰금계국이야. 황금색 닭(금계)과 같은 색의 꽃을 피운다는 금계국보다 더 큰 꽃을 피운다고 이름 지어졌지. 꽃이 예뻐서 관상용으로 외국에서 들여와 심어 기르던 것이 이제는 야생으로 퍼져 널리 자라고 있어. 내 강한 생명력 때문에 혹시나 토종 식물의 자리를 빼앗아 자라는 건 아닌지 조심스러워.

열매

- 꽃잎: 5갈래
- 꽃받침: 없다.
- 수술: 5개가 통을 이룬다.
- 암술: 1개(끝이 2개로 갈라진다.)

 관찰 포인트

긴 꽃줄기 끝에 달리는 꽃은 한 송이처럼 보이지만 여러 개의 작은꽃으로 이루어져 있습니다. 가운데는 열매를 맺는 관모양꽃들이 있으며, 각각의 관모양꽃은 날개가 달린 원반 모양의 열매가 됩니다. 관모양꽃들 주위에는 곤충을 불러들이는 혀모양꽃들이 있는데, 주로 8개이지만 더 많은 경우도 있습니다.

소리쟁이 *Rumex crispus* 마디풀과

- 전국의 길가나 들에 자라는 여러해살이풀
- 키: 40~120cm
- 잎: 어긋나기, 길쭉한 모양
- 꽃: 녹색, 5~7월
- 열매: 세모난 달걀 모양, 7~8월

열매

나는 소리쟁이야. 열매가 갈색으로 다 익어서 마르면 바람에 흔들리며 소리를 낸다고 이름 지어졌어. 구불거리는 내 잎으로 된장국을 끓여 먹으면 아주 맛있어.

🌸 관찰 포인트

꽃받침과 꽃잎의 구분이 없는 경우 이것들을 모두 꽃덮이(화피)라고 하며, 소리쟁이 꽃에는 바깥쪽과 안쪽에 각각 3개씩의 꽃덮이가 있습니다. 열매가 익어 감에 따라 안쪽 꽃덮이는 오므라지며 열매를 감싸게 됩니다.

열매

- 꽃덮이: 6개(바깥쪽 3개, 안쪽 3개)
- 수술: 6개
- 암술: 1개(끝이 3개로 갈라진다.)

꽃

닮은꼴 친구

참소리쟁이: 열매를 감싸고 있는 안쪽 꽃덮이가 넓으며 자잘한 톱니가 있습니다.

좀소리쟁이: 열매를 감싸고 있는 안쪽 꽃덮이가 좁으며 긴 톱니가 있습니다.

큰방가지똥 *Sonchus asper* 국화과

- 전국의 길가나 들에 자라는 한해 또는 두해살이풀
- 키: 30~100cm
- 잎: 어긋나기, 불규칙하게 갈라진 깃털 모양
- 꽃: 노란색, 5~10월
- 열매: 우산 모양 털이 달려 있다. 6~11월

나는 큰방가지똥이야. 나를 닮은 방가지똥보다 전체 모습이 크면서, 방아깨비(방가지)가 위험에 처하면 내 놓는 흰색 배설물처럼 줄기를 자르면 흰색 유액이 나온다고 이름 지어졌어. 더구나 흰색 유액은 밖으로 나오면 누런색으로 변해서 내 이름에서는 '똥' 자가 사라질 일이 없어.

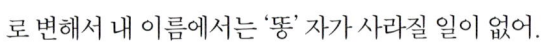

- 꽃잎: 혀 모양(끝은 5갈래)
- 꽃받침: 털 모양(갓털)
- 수술: 5개가 통을 이룬다.
- 암술: 1개(끝이 2개로 갈라진다.)

열매

🌸 **관찰 포인트**

잎에 거친 가시가 많이 있으며, 잎자루는 넓어져 줄기를 감싸는 것이 특징입니다. 한 송이처럼 보이는 꽃은 여러 개의 혀모양꽃으로 이루어져 있으며, 그 바깥을 꽃싸개잎(포)들이 감싸고 있습니다. 갓털로 변한 꽃받침은 열매가 바람에 날아갈 때 낙하산 역할을 합니다.

돌나물 *Sedum sarmentosum* 돌나물과

- 전국의 들에 나는 여러해살이풀
- 키: 15cm, 옆으로 뻗으며 자란다.
- 잎: 3개씩 돌려나기, 긴 타원 모양
- 꽃: 노란색, 5~6월
- 열매: 끝이 뾰족한 타원 모양, 9~10월

나는 돌나물이야. 돌 사이에서도 잘 자라는 나물이라는 뜻이야. 그만큼 척박한 곳에서도 잘 자라고, 내 새싹을 나물로 먹거나 물김치를 담가 먹으면 맛있어.

새싹

기는 줄기

🌸 관찰 포인트

가지가 많이 갈라지고 줄기는 옆으로 기며 마디에서 뿌리가 나옵니다. 노란색 별 모양의 꽃을 피우며, 수술에 달린 꽃가루주머니(꽃밥)는 빨간색이었다가 꽃가루를 다 보내면 검게 변합니다. 암술은 5개이며 끝이 뾰족합니다.

- 꽃잎: 5개
- 꽃받침잎: 5개
- 수술: 10개
- 암술: 5개

닮은꼴 친구

기린초: 잎이 주걱 모양입니다.

말똥비름: 꽃이 모여 피지 않으며, 잎과 줄기 사이에 새로운 개체가 자라나 땅으로 떨어집니다.

바위취 *Saxifraga stolonifera* 범의귀과

- 중부 이남에 자생, 전국에 심어 기르는 여러해살이풀
- 키: 8~45cm
- 잎: 모여나기, 하트 모양
- 꽃: 흰색, 5월
- 열매: 달걀 모양, 7~8월

나는 바위취야. 바위에 나는 나물이라는 뜻이지. 중국에서는 내 잎이 호랑이 귀처럼 생겼다고 나를 호이초(虎耳草)라고 불러. 나는 겨울에도 잎이 지지 않기 때문에 추운 겨울을 보내기 위해서 몸 전체에 털을 가지고 있어. 특히 잎에 털이 많아서 호랑이 귀처럼 보이는 거지.

잎뒷면

- 꽃잎: 5개
- 꽃받침: 5갈래
- 수술: 10개
- 암술: 1개(끝이 2개로 갈라진다.)

 관찰 포인트

겨울에도 푸른 잎을 달고 있습니다. 주로 땅 위를 기는 줄기가 나와 번식하며, 전체적으로 털이 많이 있습니다. 잎은 뿌리에서 모여 나며 무늬가 있고, 가장자리에는 얕은 톱니가 있습니다. 꽃잎 3개는 작고 분홍색 점이 있으며, 2개는 크고 흰색입니다. 10개의 수술 안쪽으로 주황색 꿀샘이 암술을 둘러싸고 있습니다. 암술은 1개이며, 끝이 2개로 갈라져 있습니다.

국수나무 *Stephanandra incisa* 장미과

- 전국의 산에 자라는 나무
- 키: 1~2m
- 잎: 어긋나기, 갈라져 있는 세모 모양
- 꽃: 흰색, 5~6월
- 열매: 둥근 모양, 9~10월

나는 국수나무야. 줄기 안에 들어 있는 하얀 속(수)이 국수처럼 생겨서 이름 지어졌어. 그래서 옛날에는 나를 가지고 소꿉놀이도 많이 했어. 내 꽃에는 꿀이 많아서 벌들이 자주 찾아와.

- 꽃잎: 5개(드물게 4개)
- 꽃받침잎: 5개(드물게 4개)
- 수술: 10개
- 암술: 1개

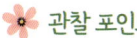 관찰 포인트

세모 모양의 꽃받침잎과 주걱 모양의 꽃잎이 모두 흰색이어서 꽃잎이 10개인 것처럼 보입니다. 꽃 안쪽은 노란색으로 꿀이 있는 곳을 알려 주고 있습니다. 암술 끝에 꽃가루가 닿으면 노란색은 사라지고 암술은 열매로 발달합니다.

땅비싸리 *Indigofera kirilowii* 콩과

- 전국의 산에 자라는 나무
- 키: 30~100cm
- 잎: 어긋나기, 7~13개의 작은잎으로 이루어진 겹잎
- 꽃: 분홍색, 5~6월
- 열매: 긴 콩꼬투리 모양, 9~10월

나는 땅비싸리야. 키가 작아서 땅에 붙어 자라고, 빗자루(비)를 만드는 가는 나무(살)라는 뜻이야. 꽃이 얼마나 향기로운지 사람들이 내 꽃향기를 맡으려고 땅에 바짝 엎드리곤 해. 산에서 나를 만나면 한번 향기를 맡아 보지 않을래?

열매

- 꽃잎: 5개
- 꽃받침: 5갈래
- 수술: 10개
- 암술: 1개

 관찰 포인트

5개의 꽃잎 중 맨 위의 꽃잎이 제일 크며 곧게 서 있습니다. 그 아래 크기가 다른 꽃잎 2쌍이 있으며, 그 안에 수술과 암술이 있습니다. 길쭉한 콩꼬투리 모양의 열매는 다 익으면 뒤틀리며 씨앗을 튕겨 보냅니다.

층층나무 *Cornus controversa* 층층나무과

- 전국의 산에 자라는 나무
- 키: 10~20m
- 잎: 어긋나기, 끝이 뾰족한 타원 모양
- 꽃: 흰색, 5~6월
- 열매: 둥근 모양, 7~8월

나는 층층나무야. 줄기에 가지가 층층이 달려서 옆으로 퍼지기 때문에 꽃도 층층이 피지. 그래서 나를 보고 내 이름을 맞히는 건 아주 쉬운 일이야. 풍성하게 피는 내 꽃은 멀리서도 잘 보여. 나는 주로 산에 있으니까 나를 만나러 산으로 와 줄래?

- 꽃잎: 4개
- 꽃받침: 통으로 되어 있다.
- 수술: 4개
- 암술: 1개

겨울눈

열매

🌸 관찰 포인트

초록색 꽃받침통 위로 흰색 꽃잎 4개가 벌어집니다. 수술은 길게 나와 있으며, 가운데 암술 1개가 있습니다. 동그란 열매는 검은색으로 익습니다. 나무줄기는 회색이지만 새로 난 가지의 색은 빨간색이고, 겨울에 새싹을 감싸고 있는 겨울눈도 빨간색입니다.

인동 *Lonicera japonica* 인동과

- 전국의 길가나 들에 자라는 나무
- 키: 덩굴로 뻗으며 자란다.
- 잎: 마주나기, 길쭉한 타원 모양
- 꽃: 흰색, 5~6월
- 열매: 둥근 모양, 10~11월

나는 인동(忍冬)이야. '겨울을 견뎌 낸다'는 뜻이래. 내 잎은 추운 겨울에도 지지 않고 푸르게 남아 있거든. 내 꽃은 흰색으로 피지만 금방 노란색으로 바뀌어서 금은화(金銀花)라 불리기도 해. 꽃이 예쁜 나를 다른 나라에서는 정원에 심곤 하는데, 야생으로 잘 번져서 나를 잡초로 여기는 곳도 있어. 하지만 내 잎과 꽃에는 좋은 성분이 많아서 여러 약으로 개발되고 있다고!

- 꽃잎: 5갈래
- 꽃받침: 5갈래
- 수술: 5개
- 암술: 1개

🌸 관찰 포인트

가지가 많이 갈라지고 옆으로 뻗으며 덩굴로 자랍니다. 줄기는 오른쪽으로 감겨 올라가는데, 속이 비어 있습니다. 꽃잎은 크게 위아래로 갈라지며, 위 갈래는 다시 4개로 갈라집니다. 5개의 수술과 1개의 암술이 꽃 밖으로 길게 나와 있습니다. 다 익은 열매는 검은색이며 딱딱하지 않습니다.

매발톱 *Aquilegia buergeriana* var. *oxysepala* 미나리아재비과

- 전국의 산에 자라는 여러해살이풀
- 키: 30~130cm
- 잎: 어긋나기, 3개씩 2번 갈라지는 겹잎
- 꽃: 노란색-자주색, 5~7월
- 열매: 5개로 갈라진다. 6~8월

나는 매발톱이야. 매의 발톱처럼 생긴 꽃을 피운다고 이런 무시무시한 이름이 지어졌어. 나는 꽃잎을 매의 발톱처럼 만들어서 그 안에 꿀을 넣어 두었어. 고마운 곤충이 꿀을 먹으러 왔다가 꽃가루를 옮겨 주지.

- 꽃잎: 5개
- 꽃받침잎: 5개
- 수술: 여러 개
- 암술: 5개

열매
(익기 전)

열매

🌸 관찰 포인트

꽃받침잎은 꽃잎처럼 보이며 자주색입니다. 자주색 꽃잎은 끝으로 갈수록 노란색이며, 자주색인 부분이 매의 발톱처럼 구부러져 있습니다. 수술은 여러 개이며, 5개의 암술은 열매가 되면 각각 갈라지고, 안에는 반짝이는 검은색 씨앗이 들어 있습니다.

맥문동 *Liriope platyphylla* 백합과

- 중부 이남의 산에 자라는 여러해살이풀
- 키: 30~50cm
- 잎: 모여나기, 가는 줄 모양
- 꽃: 보라색, 5~8월
- 열매: 둥근 모양, 7~8월

나는 맥문동이야. 땅속에 있는 줄기에 보리(맥, 麥)처럼 생긴 덩어리가 있으면서, 잎이 차조(문, 虋)와 같고, 겨울(동, 冬)에도 죽지 않는다고 이름 지어졌어. 땅속 덩어리는 밥에 넣어 먹거나 끓여서 차로 마시기도 해. 보라색으로 잔뜩 피어 있는 꽃이 아름다워서 화단에도 많이 심어.

뿌리

- 꽃덮이: 6개(바깥쪽 3개, 안쪽 3개)
- 수술: 6개
- 암술: 1개

🌸 관찰 포인트

겨울에도 푸른 잎을 가지고 있으며, 땅속에 굵어진 줄기가 여러 개 달려 있습니다. 꽃받침과 꽃잎의 구분이 없는 경우 이것들을 모두 꽃덮이(화피)라고 하며, 맥문동 꽃에는 바깥쪽과 안쪽에 각 3개씩의 꽃덮이가 있습니다. 수술은 노란색으로 6개이고, 암술은 1개입니다. 열매는 얇은 껍질이 일찍 벗겨지면서 바로 씨앗이 나온 후 검은색으로 익습니다.

질경이 *Plantago asiatica* 질경이과

- 전국의 길가나 들에 자라는 여러해살이풀
- 키: 10~40cm
- 잎: 모여나기, 달걀 모양
- 꽃: 흰색, 5~9월
- 열매: 타원 모양, 6~10월

나는 질경이야. 어디서나 잘 자라는데, 특히 길에서 많이 자란다고 '길경이'라고 한 것이 변해서 질경이가 되었어. 길가에서 자라면 동물의 발에 밟혀서 죽을 수도 있지만 나는 질긴 잎맥과 유연한 잎을 가지고 있기 때문에 밟혀도 살아남을 수 있어.

✿ 관찰 포인트

뿌리에서 모여 나는 잎은 바닥에 붙어 자랍니다. 그 가운데서 꽃줄기가 나오는데, 작은 꽃들이 다닥다닥 붙어 있어서 눈에 잘 띄지 않습니다. 수술과 암술이 꽃 밖으로 길게 나와 있으며, 암술 끝에는 털이 많이 나 있습니다. 열매는 익으면 옆으로 갈라지면서 뚜껑이 열리는데, 안에 4~8개의 갈색 씨앗이 들어 있습니다. 씨앗에 물이 닿으면 끈끈해지기 때문에 사람이나 동물의 발에 붙어 이동할 수 있습니다.

- 꽃잎: 4갈래
- 꽃받침잎: 4개
- 수술: 4개
- 암술: 1개

🌿🌿 닮은꼴 친구

왕질경이: 질경이보다 키가 크며, 수술이 자주색입니다.

까마중 *Solanum nigrum* 가지과

- 전국의 길가나 들에 자라는 한해살이풀
- 키: 20~90cm
- 잎: 어긋나기, 달걀 모양
- 꽃: 흰색, 5~10월
- 열매: 둥근 모양, 7~10월

나는 까마중이야. 까맣게 익은 열매가 스님의 머리를 닮았다고 해서 이름 지어졌어. 열매는 달짝지근하고 맛있는데, 그냥 먹기도 하고 어떤 나라에서는 음식에 넣어 먹기도 해. 하지만 독성이 약간 있어서 많이 먹지는 마.

열매

🌸 관찰 포인트

5개로 갈라지는 꽃잎 안쪽에서 솟아난 노란색 수술은 5개가 통을 이루고 있으며, 그 가운데로 암술 끝이 나옵니다. 꽃가루가 담긴 주머니(꽃밥)의 끝이 터지면 꽃가루가 흘러나오게 됩니다. 열매는 까맣게 익으며 광택이 없는 것이 특징입니다.

- 꽃잎: 5갈래
- 꽃받침잎: 5개
- 수술: 5개
- 암술: 1개

🌿🌿 닮은꼴 친구

미국까마중: 열매가 반짝거리는 것이 특징입니다.

털까마중: 전체에 털이 많고 열매가 갈색으로 익습니다.

개망초 *Erigeron annuus* 국화과

- 전국의 길가나 들에 자라는 두해살이풀
- 키: 30~100cm
- 잎: 어긋나기, 길쭉한 달걀 모양
- 꽃: 흰색-노란색, 6~7월
- 열매: 털이 달려 있다. 7월

나는 개망초야. 조선왕조가 일본에 의해 망해 가던 시기에 널리 퍼져서 망국초(亡國草)로 불리던 망초를 닮아서 개망초가 되었어. 한반도에 철도를 지으려고 사용할 나무를 북미지역에서 들여올 때 망초와 내 씨앗이 묻어 들어와서 전국에 퍼지게 되었다고 해.

🌸 관찰 포인트

뿌리에서 나온 잎은 땅바닥에 붙어 겨울을 보냅니다. 한 송이처럼 보이는 꽃은 여러 개의 작은 꽃으로 이루어져 있으며, 그 바깥을 꽃싸개잎(포)들이 감싸고 있습니다. 둘레에 있는 혀모양 꽃은 흰색의 꽃잎과 끝이 2개로 갈라진 암술로만 되어 있으며, 가운데 통모양꽃은 5갈래의 노란색 꽃잎과 수술 및 암술로 되어 있습니다. 꽃받침은 까슬까슬한 털로 변해 있습니다.

- 꽃잎: 통모양꽃-5갈래
- 꽃받침: 털 모양(갓털)
- 수술: 5개가 통을 이룬다.
- 암술: 1개(끝이 2개로 갈라진다.)

닮은꼴 친구

망초: 꽃이 피기 전에는 개망초와 닮았으나, 꽃은 개망초보다 훨씬 작습니다.

봄망초: 잎의 밑부분이 줄기를 반쯤 감싸며, 줄기 속이 비어 있습니다.

산딸나무 *Cornus kousa* 층층나무과

- 전국의 산에 자라는 나무
- 키: 10m
- 잎: 마주나기, 타원 모양
- 꽃: 연두색, 6~7월
- 열매: 둥근 모양, 9~10월

나는 산딸나무야. 내 열매가 '산에 나는 딸기'처럼 보여서 이름 지어졌어. 빨갛게 익은 내 열매는 달콤해서 많이 따먹기도 해. 내 줄기는 단단하고 무늬가 좋아서 조각이나 악기를 만들 때 쓰여. 나는 작은 꽃을 피우는 대신 꽃싸개잎(포)을 크게 만들어서 곤충을 불러 모아.

열매

- 꽃잎: 4개
- 꽃받침: 4갈래
- 수술: 4개
- 암술: 1개

열매

🌸 관찰 포인트

4개의 꽃잎을 가진 꽃처럼 보이는 것은 여러 개의 작은 꽃들로 이루어져 있습니다. 흰색의 꽃잎처럼 보이는 것이 작은 꽃들을 감싸고 있는 꽃싸개잎(포)이며, 그 가운데에 20~30개의 작은 꽃들이 모여 공 모양을 이루고 있는 것이지요. 각의 작은 꽃들은 4갈래의 꽃받침과 4개의 꽃잎, 그리고 4개의 수술 및 1개의 암술을 가지고 있습니다. 각 꽃에 있는 암술들이 꽃가루와 만나면 하나로 합쳐져 둥근 열매가 됩니다.

작살나무 *Callicarpa japonica* 마편초과

- 전국의 산에 자라는 나무
- 키: 1~2m
- 잎: 마주나기, 끝이 길쭉한 타원 모양
- 꽃: 분홍색, 6~8월
- 열매: 둥근 모양, 9~10월

가지

겨울눈

나는 작살나무야. 중심 줄기에서 가지가 벌어진 모양이 물고기를 잡는 작살이랑 닮았다고 해서 이름 지어졌어. 분홍색의 내 꽃도 예쁘지만 뭐니 뭐니 해도 내 매력 포인트는 쨍한 보라색 구슬처럼 달린 열매야. 이 열매를 보려고 여러 나라에서 나를 심어 가꾸지.

🌸 관찰 포인트

줄기에 잎이 달린 지점에 꽃자루가 달리며, 겨울눈이 길쭉한 것이 특징입니다. 4개로 갈라진 꽃잎 안으로 노란색 꽃가루를 달고 있는 수술과 흰색 암술이 길게 나와 있으며, 열매는 보라색으로 익습니다.

- 꽃잎: 4갈래
- 꽃받침: 4갈래
- 수술: 4개
- 암술: 1개

닮은꼴 친구

좀작살나무: 잎에는 끝 쪽에만 톱니가 있으며, 겨울눈이 둥근 것이 특징입니다.

왕작살나무: 작살나무에 비해 전체적으로 대형이며, 꽃이 더 풍성하게 달립니다.

139

산박하 *Isodon inflexus* 꿀풀과

- 전국의 산에 자라는 여러해살이풀
- 키: 40~100cm
- 잎: 마주나기, 잎자루 윗부분에 날개가 있는 넓은 세모 모양
- 꽃: 청보라색, 6~8월
- 열매: 4개로 갈라진다. 8월

나는 산박하야. 산에 나는 박하라는 뜻이지. 박하는 상쾌한 향을 가진 식물로 흔히 민트라고 불려. 박하는 치약이나 껌에 들어가기도 하고 차로 마시기도 해. 나한테서도 박하향이 나. 나를 만나면 잎을 비벼서 향을 맡아 봐!

꽃봉오리

- 꽃잎: 5갈래
- 꽃받침: 5갈래
- 수술: 4개(2개가 길다.)
- 암술: 1개

 관찰 포인트

줄기의 단면이 사각형이며, 잎에서 잎자루로 이어지는 날개가 있습니다. 꽃잎은 크게 2개로 갈라지는데, 위 갈래는 다시 4개로 갈라지며, 아래 갈래는 양끝이 위로 올라가 있습니다. 아래 꽃잎 안쪽에 있는 수술은 2개가 나머지 2개보다 길고, 가운데 암술이 있습니다. 파란색 꽃가루주머니(꽃밥)가 갈라지면서 노란색 꽃가루가 나옵니다.

미국자리공 *Phytolacca americana* 자리공과

- 전국의 길가와 들에 자라는 여러해살이풀
- 키: 1~1.5m
- 잎: 어긋나기, 타원 모양
- 꽃: 붉은빛이 도는 흰색, 6~9월
- 열매: 둥근 모양, 9~11월

나는 미국자리공이야. 미국에서 들어온 자리공이라는 뜻인데, 자리공은 '장류근(章柳根)'이라는 내 뿌리를 부르던 말이 변한 것이야. 내 열매는 독성이 있어서 먹으면 안 되지만, 내 열매를 먹고 씨앗을 퍼뜨려 주는 새들한테는 해롭지 않아.

- 꽃덮이: 5개
- 수술: 10개
- 암술: 10개

열매
(익기 전)

🌸 관찰 포인트

전체에 독성이 있으며, 특히 열매에 강한 독성이 있어서 조심해야 합니다. 땅속에 있는 굵은 뿌리는 약으로 쓰기도 합니다. 꽃받침과 꽃잎의 구분이 없는 경우 이것들을 모두 꽃덮이(화피)라고 하며, 미국자리공 꽃에는 5개의 꽃덮이가 있습니다. 꽃덮이 안쪽에 10개의 수술이 있고, 가운데 10개의 암술이 있습니다. 암술들은 열매가 검게 익어 감에 따라 합해져 1개의 열매가 됩니다.

털별꽃아재비 *Galinsoga quadriradiata* 국화과

- 전국의 길가나 들에 자라는 한해살이풀
- 키: 10~50cm
- 잎: 마주나기, 달걀 모양
- 꽃: 흰색-노란색, 6~9월
- 열매: 털이 달려 있다. 8~10월

나는 털별꽃아재비야. 털이 많으면서 별꽃과 비슷한 꽃을 피운다고 이름 지어졌어. 이름에 걸맞게 내 줄기와 잎에는 북슬북슬한 털이 엄청 많이 나 있어. 나는 잡초처럼 잘 자라는데, 쓰레기더미 옆이나 지저분한 곳에서도 잘 자라서 '쓰레기꽃'으로 불리기도 해. 하지만 나는 깨끗한 곳에서도 잘 자란다고!

- 꽃잎: 혀모양꽃 3갈래, 통모양꽃 5갈래
- 꽃받침: 털 모양(갓털)
- 수술: 5개가 통을 이룬다.
- 암술: 1개(끝이 2개로 갈라진다.)

열매

🌸 관찰 포인트

전체에 흰색 털이 있습니다. 한 송이처럼 보이는 꽃은 여러 개의 작은 꽃으로 이루어져 있으며, 그 바깥을 꽃싸개잎(포)들이 감싸고 있습니다. 둘레에 있는 5개의 혀모양꽃은 흰색의 꽃잎과 끝이 2개로 갈라진 암술로만 되어 있으며, 가운데 통모양꽃은 5갈래의 노란색 꽃잎과 수술 및 암술로 되어 있습니다. 열매에는 꽃받침이 변한 갓털이 있습니다.

코스모스 *Cosmos bipinnatus* 국화과

- 전국에 심어 기르는 한해살이풀
- 키: 1.5~2m
- 잎: 마주나기, 가늘게 갈라지는 깃털 모양
- 꽃: 분홍색, 흰색 등 다양하다. 6~10월
- 열매: 길쭉한 기둥 모양, 10월

나는 코스모스야. 그리스어 코스모스(kosmos)는 '질서, 조화'를 의미하는데, 내 꽃이 피어 있는 모습이 조화롭게 질서정연해 보여서 그 이름을 따왔나 봐. 여름부터 가을까지 들판과 길가에서 바람에 따라 흔들리는 내 모습을 보고 많은 사람들이 감동받곤 해.

열매

- 꽃잎: 통모양꽃-5갈래
- 꽃받침: 없다.
- 수술: 5개가 통을 이룬다.
- 암술: 1개(끝이 2개로 갈라진다.)

🌸 관찰 포인트

줄기는 부드러우며 잎은 가늘게 갈라집니다. 한 송이처럼 보이는 꽃은 여러 개의 작은 꽃으로 이루어져 있으며, 그 바깥을 꽃싸개잎(포)들이 감싸고 있습니다. 둘레에 있는 6~8개의 혀모양꽃은 열매를 맺지 못하고, 가운데 노란색 통모양꽃들이 열매를 맺습니다. 통모양꽃은 5갈래의 노란색 꽃잎과 검은색 수술, 그리고 끝이 2개로 갈라진 암술로 이루어져 있습니다.

참싸리 *Lespedeza cyrtobotrya* 콩과

- 전국의 산과 들에 자라는 나무
- 키: 1~3m
- 잎: 어긋나기, 3개의 작은잎으로 이루어진 겹잎
- 꽃: 분홍색, 7~9월
- 열매: 둥근 콩꼬투리 모양, 9~10월

나는 참싸리야. 빗자루나 울타리를 만드는 가는 나무를 뜻하는 '살'이 '싸리'로 변했는데, 싸리 중에서도 내 줄기가 가장 튼튼해서 참싸리라고 해. 나는 여러모로 쓸모가 많아. 가축의 먹이가 되기도 하고, 바구니나 빗자루의 재료로도 유명해. 또 내 꽃에는 꿀이 많아서 벌들이 나를 아주 좋아한단다.

관찰 포인트

다른 싸리나무들에 비해 꽃들이 다닥다닥 모여 달리는 것이 특징입니다. 잎 끝은 살짝 들어가 있습니다. 5개의 꽃잎 중 맨 위의 꽃잎이 제일 크며, 그 아래 크기가 다른 꽃잎 2쌍이 서로 포개져 있습니다. 1개의 암술과 10개의 수술은 그 안쪽에 들어 있습니다.

- 꽃잎: 5개
- 꽃받침: 5갈래
- 수술: 10개
- 암술: 1개

열매

닮은꼴 친구

싸리: 참싸리에 비해 꽃들이 길게 줄지어 달립니다.

조록싸리: 잎이 타원 모양이며 끝이 뾰족합니다.

닭의장풀 *Commelina communis* 닭의장풀과

- 전국의 길가나 들에 자라는 한해살이풀
- 키: 15~50cm
- 잎: 어긋나기, 길쭉한 달걀 모양
- 꽃: 파란색-분홍색, 7~8월
- 열매: 타원 모양, 8~9월

나는 닭의장풀이야. 왜 그런 이름이 붙었는지는 여러 가지 얘기가 있지만 꽃을 싸고 있는 꽃싸개잎(포)을 옆에서 보면 닭의 얼굴이 떠오른다고 해. 어떤 이는 닭장 옆에 내가 많이 피어 있어서 닭의장풀이래. 내 꽃은 아침에 피었다가 오후가 되면 시들어. 내 파란색 꽃잎으로 물감을 만들어 쓰기도 했어.

꽃싸개잎

열매

- 꽃잎: 3개(파란색 2개, 흰색 1개)
- 꽃받침잎: 3개(반투명하다.)
- 수술: 6개(헛수술 4개, 꽃가루 수술 2개)
- 암술: 1개

🌸 관찰 포인트

꽃을 싸고 있는 하트 모양의 꽃싸개잎(포)이 반으로 접혀 있으며, 그 안에 여러 개의 꽃이 들어 있다가 순차적으로 하나씩 피어납니다. 꽃받침잎 3개는 반투명하고, 꽃잎은 3개인데 2개는 위를 향해 피며 파란색이고, 1개는 아래를 향해 피며 흰색입니다. 수술은 6개로 맨 위에 3개와 가운데 1개는 곤충을 불러 모으는 역할만 하는 가짜 수술이며, 맨 아래 2개는 꽃가루를 가진 진짜 수술입니다. 암술은 진짜 수술 사이에 있습니다.

큰낭아초 *Indigofera bungeana* 콩과

- 전국에 심어 기르는 나무
- 키: 1~2m
- 잎: 어긋나기, 5~11개의 작은잎으로 이루어진 겹잎
- 꽃: 보라색, 7~8월
- 열매: 긴 콩꼬투리 모양, 9~10월

나는 큰낭아초야. 키가 크고, '짐승(낭, 狼)의 이빨(아, 牙)'을 닮은 풀이라고 이름 지어졌지만, 사실 나는 풀이 아니라 나무야. 한약명이 낭아초인 짚신나물이랑 헷갈려서 이런 이름이 붙었다고도 해. 외국에서는 말이 잘 먹는다는 뜻의 이름으로 불려.

 관찰 포인트

위로 솟는 꽃줄기에 여러 개의 꽃이 달립니다. 5개의 꽃잎 중 맨 위의 꽃잎이 제일 크며, 그 아래 크기가 다른 꽃잎 2쌍이 서로 포개져 있고, 1개의 암술과 10개의 수술은 그 안에 있습니다. 길쭉한 콩꼬투리 모양의 열매 안에는 5~6개의 씨앗이 있습니다.

- 꽃잎: 5개
- 꽃받침: 5갈래
- 수술: 10개
- 암술: 1개

🌿 이름이 닮은꼴 친구

짚신나물 (한약명 낭아초): 노란색의 작은 꽃이 꽃줄기에 다닥다닥 달립니다.

누리장나무 *Clerodendrum trichotomum* 마편초과

- 중부 이남의 산이나 길에 자라는 나무
- 키: 2~5m
- 잎: 마주나기, 아래가 넓고 끝이 뾰족한 달걀 모양
- 꽃: 흰색, 7~8월
- 열매: 둥근 모양, 10~11월

나는 누리장나무야. 나한테서 누린내가 난다고 누리장나무라고 하지만, 가지나 잎을 잘라야 냄새가 나는 거고, 꽃에서는 냄새가 나지 않아. 오히려 향기가 난다고! 나는 열매를 새들의 눈에 잘 보이게 하려고 빨간색 꽃받침 위에 올려 두었어. 열매 안에는 씨앗 말고도 새들을 위한 맛있는 즙도 넣어 두었지.

열매

- 꽃잎: 5갈래
- 꽃받침: 5갈래
- 수술: 4개
- 암술: 1개

🌸 관찰 포인트

달걀 모양의 잎은 손바닥만큼 크기도 합니다. 붉은색 꽃받침 가운데서 솟아난 꽃은 5갈래로 갈라집니다. 한 꽃에서 암술과 수술의 성숙 시기가 달라서 수술 4개가 꽃가루를 내보낼 때까지 암술은 고개를 숙이고 있다가 수술이 꽃가루를 다 내보내고 말라 버린 후에야 암술은 고개를 듭니다. 열매가 반짝이는 남청색으로 익어 가면 분홍색이던 꽃받침은 빨간색으로 바뀌면서 활짝 펴집니다.

봉선화 *Impatiens balsamina* 봉선화과

- 전국에 심어 기르는 한해살이풀
- 키: 40~100cm
- 잎: 어긋나기, 끝이 뾰족하고 길쭉한 모양
- 꽃: 붉은색-분홍색-흰색, 7~8월
- 열매: 타원 모양, 8~9월

나는 봉선화야. 내 꽃이 마치 봉황새가 날갯짓을 하는 것처럼 생겼다고 이름 지어졌어. 꽃을 정면에서 보면 날개를 펴고 있는 봉황새로 보이기도 해. 내 꽃과 잎에는 색소가 들어 있어서 손톱을 빨갛게 물들일 수도 있어.

열매

열매(터진 후)

- 꽃잎: 3개
- 꽃받침잎: 3개
- 수술: 5개
- 암술: 1개

🌸 관찰 포인트

줄기는 굵고 잎 가장자리에는 자잘한 톱니가 있습니다. 꽃받침잎은 위에 2개와 아래 1개로 이루어져 있으며, 아래 꽃받침은 깔때기 모양으로 끝이 둥글게 말아져 꿀주머니로 되어 있습니다. 꽃잎은 위에 1개와 그 아래 양쪽으로 2개가 있습니다. 겉에 털이 많은 열매는 다 익으면 살짝만 건드려도 터져서 씨앗을 멀리 튕겨 보냅니다.

비비추 *Hosta longipes* 백합과

- 중부와 남부지역의 산에 자라며, 전국에 심어 기르는 여러해살이풀
- 키: 30~40cm
- 잎: 모여나기, 길쭉한 하트 모양
- 꽃: 보라색, 7~8월
- 열매: 길쭉한 기둥 모양, 8~9월

나는 비비추야. '비비 꼬인 나물'이라는 뜻으로 봄에 싹이 나올 때 잎들이 비비 꼬인 모양으로 나와서 이름 지어졌어. 나는 꽃이 아름다워서 많은 종류로 개량되어 화단에 심어지고 있어.

- 꽃덮이: 6갈래
- 수술: 6개
- 암술: 1개

열매

🌸 관찰 포인트

꽃줄기에 꽃이 한쪽으로 치우쳐 달립니다. 꽃받침과 꽃잎이 합쳐져 통을 이루며 끝은 6개로 갈라져 있습니다. 수술과 암술은 밖으로 길게 나와 있습니다. 열매는 다 익으면 3갈래로 갈라지고, 날개가 달린 씨앗이 나옵니다.

🌿 닮은꼴 친구

옥잠화: 잎과 꽃이 크며, 흰색 꽃이 핍니다.

박주가리 *Metaplexis japonica* 박주가리과

· 전국의 길가나 들에 자라는 여러해살이풀
· 키: 덩굴로 자랍니다.
· 잎: 마주나기, 끝이 길쭉한 하트 모양
· 꽃: 흰색-분홍색, 7~8월
· 열매: 끝이 뾰족하고 길쭉한 모양, 8월

나는 박주가리야. 열매가 다 익어서 벌어진 모습이 '박 조각(박쪼가리)' 같아서 이름 지어졌어. 내 열매는 익기 전에 먹기도 해. 열매가 벌어지면 하얀 털을 단 씨앗들이 바람을 타고 멀리 날아가. 이 하얀 털은 도장을 찍을 때 쓰는 인주를 만드는 데 사용했어.

- 꽃잎: 5갈래
- 꽃받침: 5갈래
- 수술: 5개
- 암술: 1개

🌸 관찰 포인트

줄기는 덩굴로 뻗으며 자라고, 줄기를 자르면 하얀 유액이 나옵니다. 녹색 꽃받침은 5개로 깊게 갈라지며, 5개로 갈라진 꽃잎 안쪽에 많은 털이 있습니다. 암술 끝은 밖으로 길게 나와 있으며 흰색의 수술은 암술의 아랫부분을 감싸고 있는 모습입니다. 울퉁불퉁한 열매는 배가 갈라지면서 털이 달린 씨앗이 나옵니다.

참나리 *Lilium lancifolium* 백합과

- 전국의 들이나 해안가, 계곡에 자라는 여러해살이풀
- 키: 1~2m
- 잎: 어긋나기, 끝이 뾰족하고 길쭉한 모양
- 꽃: 주황색, 7~8월
- 열매: 기둥 모양, 9~10월

나는 참나리야. 나리꽃 중에서 가장 아름다운 꽃을 피운다고 참나리라 해. 내 꽃잎에는 진한 갈색 점이 있는데, 이걸 보고 나비가 찾아와서 꽃을 먹고 꽃가루를 옮겨 주지.

줄기와 살눈

새싹

- 꽃덮이: 6개(바깥쪽 3개, 안쪽 3개)
- 수술: 6개
- 암술: 1개

🌸 관찰 포인트

참나리는 씨앗 말고도 살눈(주아)으로 번식할 수 있습니다. 줄기에 잎이 달리는 부분에 진보라색의 살눈이 달리는데, 이것이 땅에 떨어지면 뿌리가 나고 새로운 참나리로 자라납니다. 꽃받침과 꽃잎의 구분이 없는 경우 이것들을 모두 꽃덮이(화피)라고 하며, 참나리 꽃에는 바깥쪽과 안쪽에 각각 3개씩의 꽃덮이가 있습니다. 꽃가루주머니(꽃밥)가 열리면 나오는 꽃가루는 진한 갈색으로 만지면 손에 묻어나고, 암술 끝은 꽃가루가 잘 묻도록 끈적끈적합니다.

익모초 *Leonurus japonicus* 꿀풀과

- 전국의 길가나 들에 자라는 한해 또는 두해살이풀
- 키: 30~100cm
- 잎: 마주나기, 가늘게 갈라져 있다.
- 꽃: 자주색, 7~9월
- 열매: 4개로 갈라진다. 8~10월

나는 익모초야. '엄마(모, 母)를 이롭게(익, 益) 하는 풀'이라는 뜻이야. 내 몸에 있는 성분이 피를 맑게 하고 잘 돌게 해서 약으로 많이 쓰여. 그래서 먹기도 하고 목욕물에 넣어 쓰기도 하지. 그런데 생으로 먹으면 깜짝 놀랄 만큼 너무 써.

- 꽃잎: 4갈래
- 꽃받침: 5갈래(2갈래가 길다.)
- 수술: 4개(2개가 길다.)
- 암술: 1개(끝이 2개로 갈라진다.)

열매

🌸 관찰 포인트

줄기는 네모지며, 잎이 달린 부분에 층층이 꽃이 핍니다. 꽃잎은 위아래로 갈라지며, 위 갈래는 주걱 모양이고 아래 갈래는 다시 3개로 갈라집니다. 아래 3갈래 중 가운데 갈래는 끝이 거꾸로 된 하트 모양입니다. 수술은 4개 중 2개가 길며, 암술은 끝이 2개로 갈라져 있습니다.

무릇 *Barnardia japonica* 백합과

- 전국의 들에 자라는 여러해살이풀
- 키: 20~40cm
- 잎: 모여나기, 가는 줄 모양
- 꽃: 보라색, 7~9월
- 열매: 달걀 모양, 9~10월

나는 무릇이야. 습한 곳을 좋아한다고 '물웃(물 위)'에서 변한 이름이라고도 하지만 정확한 유래는 없어. 땅속에 있는 둥근 내 비늘줄기는 캐서 먹기도 해. 나는 씨앗 말고도 알뿌리라 불리는 비늘줄기로 번식할 수 있어. 나와 같은 백합과 가족인 튤립도 알뿌리로 꽃을 피울 수 있는 식물이야.

비늘줄기

 관찰 포인트

땅속에 작은 양파처럼 생긴 둥그런 비늘줄기에서 잎이 나오며, 봄에 나왔던 잎이 지고 가을에 또 한 번 잎이 납니다. 꽃은 꽃줄기 아래에서부터 위로 피어납니다. 꽃받침과 꽃잎의 구분이 없는 경우 이것들을 모두 꽃덮이(화피)라고 하며, 무릇 꽃에는 바깥쪽과 안쪽에 각각 3개씩의 꽃덮이가 있습니다. 수술은 6개이고 그 가운데 암술이 1개 있습니다. 열매는 3칸으로 이루어져 있으며, 다 익으면 3갈래로 갈라집니다.

· 꽃덮이: 6개(바깥쪽 3개, 안쪽 3개)
· 수술: 6개
· 암술: 1개

사위질빵 *Clematis apiifolia* 미나리아재비과

- 전국의 산과 들에 자라는 나무
- 키: 1~6m, 덩굴로 자란다.
- 잎: 마주나기, 3개의 작은잎으로 이루어진 겹잎
- 꽃: 흰색, 7~9월
- 열매: 긴 털이 달린다. 8~10월

나는 사위질빵이야. 내 줄기를 사위의 질빵(지게를 묶는 끈)으로 썼다고 해서 이름 지어졌어. 잘 끊어지는 내 줄기로 질빵을 만들면 사위는 무거운 짐을 지지 않아도 된다고 하니 장모님의 사랑이 느껴지는 나무라고나 할까?

열매(익기 전) 열매

- 꽃잎: 없다.
- 꽃받침: 4개
- 수술: 여러 개
- 암술: 여러 개

🌸 관찰 포인트

줄기는 다른 식물을 감으며 덩굴로 뻗어 나갑니다. 줄기에 마주 달리는 잎은 작은잎 3개로 된 겹잎입니다. 흰색의 꽃받침잎 4개는 꽃잎처럼 생겨서 곤충을 불러들이는 역할을 하고, 꽃잎은 없습니다. 수술과 암술은 여러 개이고, 열매가 맺히면 암술 끝이 길어져 털이 달립니다. 열매는 이 털을 이용해 멀리 날아갑니다.

쥐꼬리망초 *Justicia procumbens* 쥐꼬리망초과

- 중부 이남의 길가나 들에 자라는 한해살이풀
- 키: 10~40cm
- 잎: 마주나기, 길쭉한 타원 모양
- 꽃: 분홍색, 7~9월
- 열매: 좁고 긴 타원 모양, 8~10월

나는 쥐꼬리망초야. 아래부터 열매를 맺어 가며 위로 꽃이 피면서 길어지는 꽃줄기가 기다란 쥐꼬리를 닮아서 이름 지어졌어. 내 꽃은 작아서 잘 보이지 않지만, 확대경으로 보면 얼마나 귀엽고 예쁜지 몰라. 나를 보면 그냥 지나치지 말고 한번 들여다봐 줄래?

- 꽃잎: 4갈래
- 꽃받침: 5갈래
- 수술: 2개
- 암술: 1개

관찰 포인트

전체에 짧은 털이 있으며, 줄기 단면은 사각형이고, 가지가 많이 갈라집니다. 꽃줄기에 여러 개의 꽃이 빽빽하게 달리는데, 아래에서부터 차례로 피어 올라갑니다. 꽃잎은 위아래로 갈라지고, 아래 갈래는 다시 3개로 갈라지며 안쪽에 흰색 무늬가 있습니다. 수술은 2개이며 위쪽 꽃잎 아래에 있고, 그 가운데에 1개의 암술이 있습니다. 열매 안에는 4개의 씨앗이 들어 있는데, 열매가 터지면서 튕겨 나갑니다.

배롱나무 *Lagerstroemia indica* 부처꽃과

- 전국에 심어 기르는 나무
- 키: 3~7m
- 잎: 어긋나기-마주나기, 타원 모양
- 꽃: 분홍색, 7~9월
- 열매: 둥근 모양, 9~12월

나는 배롱나무야. 꽃이 100일 동안 핀다고 해서 '백일홍나무'로 불리다가 배롱나무가 되었어. 하지만 꽃 하나가 100일 동안 피는 것이 아니라 꽃줄기 아래에서부터 위로 꽃들이 피고 지고를 차례로 하다 보니 100일 동안 피어 있는 것처럼 보이는 거야. 내 꽃은 아름다워서 공원이나 가로수로도 많이 심어. 꽃이 흰색으로 피기도 해.

- 꽃잎: 6개
- 꽃받침: 6갈래
- 수술: 여러 개(가장자리 6개는 길다.)
- 암술: 1개

🌸 관찰 포인트

벗겨지는 줄기껍질로 인해 줄기가 매끈합니다. 꽃잎은 6개인데 쭈글쭈글해서 풍성해 보입니다. 수술은 여러 개이지만 가장자리 6개가 유난히 길게 나와 있습니다. 암술은 가운데에서 길게 튀어나와 있습니다. 둥근 열매는 다 익으면 6개로 갈라지며, 날개가 달린 씨앗이 나옵니다.

둥근잎나팔꽃 *Ipomoea purpurea* 메꽃과

- 전국의 길가나 들에 자라는 한해살이풀
- 키: 덩굴로 뻗는다.
- 잎: 어긋나기, 하트 모양
- 꽃: 자주색-보라색, 7~10월
- 열매: 둥근 모양, 8~11월

나는 둥근잎나팔꽃이야. 잎이 둥글고, 나팔처럼 생긴 꽃을 피운다고 이름 지어졌어. 내 꽃은 아침이 오기도 전에 피어나는데, 그건 이른 아침부터 부지런히 움직이는 개미와 같은 곤충들에게 꽃가루를 옮기게 하려는 거야. 덕분에 난 한낮이 되기 전에 씨앗을 만들 수 있고 저녁이면 꽃잎도 떨어뜨려.

- 꽃잎: 나팔 모양
- 꽃받침: 5갈래
- 수술: 5개
- 암술: 1개(끝이 3개로 얕게 갈라진다.)

열매

🌸 관찰 포인트

덩굴로 벋는 줄기는 왼쪽으로 감아 올라갑니다. 오른쪽으로 말려 있던 꽃봉오리가 펴지면 안에 흰색 수술과 암술이 보입니다. 열매는 3개의 칸으로 나뉘어져 있으며, 각 칸마다 2~3개의 검은색 씨앗이 들어 있습니다.

🌿🌿 닮은꼴 친구

미국나팔꽃: 잎이 3~5갈래로 갈라집니다.

🌿🌿 **나팔 모양의 꽃을 피우는 친구**

애기나팔꽃: 꽃이 작고 흰색입니다.

메꽃: 잎이 길게 뾰족하며, 이른 아침에 꽃이 핍니다.

유홍초: 주황색 꽃이 피며, 잎이 깃털 모양으로 갈라집니다.

둥근잎유홍초: 주황색 꽃이 피며, 잎이 하트 모양입니다.

달맞이꽃 *Oenothera biennis* 바늘꽃과

- 전국의 길가나 들에 자라는 두해살이풀
- 키: 30~120cm
- 잎: 어긋나기, 길쭉한 다원 모양
- 꽃: 노란색, 7~10월
- 열매: 길쭉한 기둥 모양, 7~11월

나는 달맞이꽃이야. 밤에 달을 맞이하며 피는 꽃이라는 뜻이야. 내가 밤에 꽃을 피우는 이유는 나방처럼 밤에 활동하는 곤충들에게 꽃가루를 옮기게 하려는 거야. 내 씨앗에서 나온 기름은 좋은 효능이 많아서 여러 나라에서 약으로 쓰이고 있어. 특히 미국의 인디언들도 피부에 염증이 났을 때 내 씨앗기름을 발랐다고 해.

관찰 포인트

뿌리에서 나온 잎은 땅바닥에 붙어 겨울을 보냅니다. 밤에 피었다가 아침에 시드는 꽃은 암술과 수술의 길이가 거의 같으며, 암술 끝은 4개로 갈라져 있습니다. 열매는 털이 많으며 다 익으면 4갈래로 벌어지며, 안에는 갈색 씨앗이 많이 들어 있습니다.

- 꽃잎: 4개
- 꽃받침잎: 4개
- 수술: 8개
- 암술: 1개(끝이 4개로 갈라진다.)

열매

 닮은꼴 친구

큰달맞이꽃: 꽃이 더 크며, 암술이 수술보다 더 길게 나와 있습니다.

분홍낮달맞이꽃: 분홍색 꽃이 핍니다.

고마리 *Polygonum thunbergii* 마디풀과

· 전국의 습지에 자라는 한해살이풀
· 키: 30~90cm, 덩굴로 뻗으며 자란다.
· 잎: 어긋나기, 창 모양
· 꽃: 분홍색-흰색, 7~10월
· 열매: 세모난 달걀 모양, 8~10월

나는 고마리야. 물을 좋아해서 물가나 습지에서 자라. 정확하지는 않지만 습한 '고랑에 사는 것'이란 뜻에서 붙은 이름이래. 나는 내가 사는 곳의 물을 깨끗하게 만들어 주는 수질 정화 식물이야. 나를 잘못 만지면 내 줄기에 있는 가시에 긁히기도 해. 그럴 때는 내 잎을 찧어서 바르면 피가 나오는 것을 멈출 수 있어.

꽃봉오리

- 꽃덮이: 5갈래
- 수술: 8개
- 암술: 1개(끝이 3개로 갈라진다.)

🌸 관찰 포인트

줄기에 아래를 향한 가시가 있습니다. 옹기종기 모여 피는 꽃은 꽃받침과 꽃잎이 합쳐져 통을 이루며 끝은 5개로 갈라져 있습니다. 수술은 2줄로 되어 있는데, 바깥쪽에 5개가 있고 안쪽에 3개가 있습니다. 암술은 그 가운데 1개가 있으며, 끝이 3개로 갈라져 있습니다. 열매가 익어도 꽃덮이가 남아서 덮고 있으며, 열매는 세모난 달걀 모양입니다.

털쇠무릎 *Achyranthes bidentata* 비름과

- 전국의 길가나 들에 자라는 여러해살이풀
- 키: 50~100cm
- 잎: 마주나기, 타원 모양
- 꽃: 녹색, 7~10월
- 열매: 긴 타원 모양, 9~10월

나는 털쇠무릎이야. 꽃줄기에 털이 많고, 줄기에 있는 마디가 소의 무릎처럼 튀어나와 있어서 이름 지어졌어. 내 한약명은 우슬(牛膝)인데, 소의 무릎을 뜻하는 이름처럼 관절이나 무릎에 좋다고 해.

열매

꽃

- 꽃덮이: 5개
- 수술: 5개
- 암술: 1개

🌸 관찰 포인트

줄기의 마디가 불룩해서 소의 무릎을 닮았다고 합니다. 꽃줄기 아래에서부터 피어나는 꽃은 열매가 맺히면 아래로 고개를 숙여 줄기와 거의 평행이 됩니다. 각 꽃을 감싸고 있는 꽃싸개잎(포)은 5개로 바늘처럼 생겼습니다. 꽃받침과 꽃잎의 구분이 없는 경우 이것들을 모두 꽃덮이(화피)라고 하며, 털쇠무릎 꽃에는 5개의 꽃덮이가 있습니다. 열매는 긴 타원 모양으로 꽃이 피기 전 모양과 똑같이 생겼습니다.

비수리 *Lespedeza cuneata* 콩과

- 전국의 길가나 들에 자라는 여러해살이풀 또는 나무
- 키: 40~100cm
- 잎: 어긋나기, 3개의 작은잎으로 이루어진 겹잎
- 꽃: 분홍색-흰색, 8~9월
- 열매: 둥근 콩꼬투리 모양, 10월

나는 비수리야. '빗자루(비)를 만드는 가는 나무(살)'에서 변한 이름이지. 나는 주로 풀로 살아가지만 어떨 때는 줄기가 나무처럼 딱딱해지기도 해. 나는 저녁이면 잎을 오므리고 잠을 자서 '밤에 문을 닫는다'는 뜻의 야관문이라는 별명도 가지고 있어.

 관찰 포인트

줄기는 가늘게 위로 올라가고, 잎은 작은잎 3개로 된 겹잎입니다. 5개의 꽃잎 중 맨 위의 꽃잎이 제일 크며 자주색 무늬가 있고, 그 아래 크기가 다른 꽃잎 2쌍이 서로 포개져 있습니다. 1개의 암술과 10개의 수술은 그 안쪽에 들어 있습니다. 꽃들 사이로 꽃이 피지 않고 바로 열매가 달리는 폐쇄화도 달려 있습니다.

- 꽃잎: 5개
- 꽃받침: 5갈래
- 수술: 10개
- 암술: 1개

폐쇄화

닮은꼴 친구

호비수리: 비수리에 비해 꽃받침이 길게 뾰족합니다.

털도깨비바늘 *Bidens biternata* 국화과

- 전국의 길가나 들에 자라는 한해살이풀
- 키: 30~150cm
- 잎: 마주나기, 1~2번 갈라지는 깃털 모양
- 꽃: 노란색, 8~10월
- 열매: 가시가 달려 있다. 9~11월

나는 털도깨비바늘이야. 식물 전체에 털이 많으면서 바늘처럼 긴 열매가 언제 붙었는지도 모르게 옷에 붙어 있다고 이름 지어졌어. 내 열매에는 꽃받침이 변한 3~4개의 가시가 돋아나 있어서 스치기만 해도 동물의 털이나 사람의 옷에 붙어 버리거든. 이게 바로 내가 씨앗을 멀리 퍼뜨리는 방법이지.

 관찰 포인트

한 송이처럼 보이는 꽃은 여러 개의 작은 꽃으로 이루어져 있으며, 그 바깥을 꽃싸개잎(포)들이 감싸고 있습니다. 둘레에 있는 혀모양꽃은 열매를 맺지 못하며 곤충을 불러들이는 역할을 합니다. 가운데 통모양꽃은 5갈래의 노란색 꽃잎과 수술 및 끝이 2개로 갈라진 암술로 되어 있습니다. 각 꽃에 있는 꽃받침은 가시로 변해 동물의 몸에 붙는 역할을 합니다.

· 꽃잎: 통모양꽃-5갈래
· 꽃받침: 가시로 변해 있다.
· 수술: 5개가 통을 이룬다.
· 암술: 1개(끝이 2개로 갈라진다.)

열매

이질풀 *Geranium thunbergii* 쥐손이풀과

- 전국의 길가나 들에 자라는 여러해살이풀
- 키: 20~70cm
- 잎: 마주나기, 손바닥 모양으로 3~5개로 갈라진다.
- 꽃: 자주색, 8~10월
- 열매: 긴 기둥 모양, 9~11월

나는 이질풀이야. 이질(설사)에 먹으면 좋은 풀이라는 뜻이야. 내 열매는 긴 기둥 모양인데, 다 익으면 5갈래로 갈라지면서 위로 말려 올라가. 이때 마치 투포환 선수가 공을 날리듯 내 씨앗을 멀리 튕겨 보내지. 나는 식물계의 투포환 선수야.

열매

 관찰 포인트

전체에 털이 많으며 줄기가 비스듬히 자랍니다. 잎은 손바닥 모양으로 갈라집니다. 꽃줄기에 꽃이 2개씩 달리며, 5개의 꽃잎 안에는 10개의 수술과 5개의 암술이 있습니다. 암술은 끝이 휘어져 있습니다. 열매는 5개로 갈라지며, 다 익으면 껍데기가 위로 말리면서 씨앗이 멀리 날아갑니다.

- 꽃잎: 5개
- 꽃받침잎: 5개
- 수술: 10개
- 암술: 5개

🌿🌿 닮은꼴 친구

쥐손이풀: 꽃줄기에 분홍빛의 흰색 꽃이 1개씩 달립니다.

서양등골나물 *Ageratina altissima* 국화과

- 전국의 길가나 들에 자라는 여러해살이풀
- 키: 30~130cm
- 잎: 마주나기, 끝이 뾰족한 달걀 모양
- 꽃: 흰색, 8~10월
- 열매: 털이 달려 있다. 9~11월

나는 서양등골나물이야. 서양에서 건너온 등골나물이라는 뜻이지. 등골나물류는 뎅기열 등에 걸렸을 때 뼈가 부러지는 것 같은 통증을 치료하는 데 사용했다고 해서 '등골'이라는 이름이 붙었어. 나물로 먹기도 하지만 독성이 있기 때문에 아주 조심해야 해.

❋ 관찰 포인트

한 송이처럼 보이는 꽃은 여러 개의 통모양꽃으로 이루어져 있으며, 그 바깥을 꽃싸개잎(포)들이 감싸고 있습니다. 5갈래로 갈라진 통모양꽃에서 길게 나온 2개의 암술 끝은 꽃가루가 닿은 후엔 꼬부라집니다. 열매는 검게 익는데, 갓털로 변한 꽃받침은 열매가 바람에 날아갈 때 낙하산 역할을 합니다.

- 꽃잎: 5갈래
- 꽃받침: 털 모양(갓털)
- 수술: 5개가 통을 이룬다.
- 암술: 1개(끝이 2개로 갈라진다.)

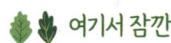 **여기서 잠깐!**

서양등골나물은 외국에서 들어와 토종 식물들을 밀어내고 생태계를 교란시키는 유해식물로 지정되었습니다. 이밖에도 **단풍잎돼지풀(좌), 가시박(우)** 등이 생태계교란식물로 지정되어 관리를 필요로 하는 식물입니다.

미국쑥부쟁이 *Symphyotrichum pilosum* 국화과

- 전국의 길가나 들에 자라는 여러해살이풀
- 키: 30~120cm
- 잎: 어긋나기, 뿌리잎은 주걱 모양, 줄기잎은 가는 줄 모양
- 꽃: 흰색, 8~10월
- 열매: 우산 모양 털이 달려 있다. 9~10월

나는 미국쑥부쟁이야. 미국에서 건너왔는데 내 꽃이 쑥부쟁이랑 닮았대. 쑥부쟁이는 '잎이 쑥을 닮은 부쟁이'라는 뜻인데, 여기서 부쟁이는 '부지깽이'에서 온 말이야. 부지기아초(배고픔을 느끼지 않게 해 주는 풀, 不知飢餓草)라는 말이 변한 거래.

 관찰 포인트

한 송이처럼 보이는 꽃은 여러 개의 작은 꽃으로 이루어져 있으며, 그 바깥을 꽃싸개잎(포)들이 감싸고 있습니다. 둘레에 있는 혀모양꽃은 흰색 꽃잎과 끝이 2개로 갈라진 암술로만 되어 있으며, 가운데 통모양꽃은 5갈래의 노란색 꽃잎과 수술 및 암술로 되어 있습니다. 갓털로 변한 꽃받침은 열매가 바람에 날아갈 때 낙하산 역할을 합니다.

- 꽃잎: 5갈래
- 꽃받침: 털 모양 (갓털)
- 수술: 5개가 통을 이룬다.
- 암술: 1개 (끝이 2개로 갈라진다.)

열매

닮은꼴 친구

큰비짜루국화: 미국쑥부쟁이에 비해 꽃이 작고, 꽃이 약간 분홍색입니다.

꽃향유 *Elsholtzia splendens* 꿀풀과

- 전국의 산에 자라는 한해살이풀
- 키: 30~60cm
- 잎: 마주나기, 길쭉한 디원 모양
- 꽃: 보라색, 9~10월
- 열매: 4개로 갈라진다. 10~11월

나는 꽃향유야. '꽃이 아름답고, 향기 나는 노야기'라는 뜻이지. 향유는 '향기가 나는 먹을 수 있는 풀'이라는 뜻의 향여(香茹)가 변한 이름이라고도 해. 나한테서는 진한 향이 나는데, 많은 질병을 다스리는 물질이 들어 있대. 날 만지면 나는 강한 향을 느껴 봐!

열매

- 꽃잎: 5갈래
- 꽃받침: 4갈래
- 수술: 4개(2개가 길게 나온다.)
- 암술: 1개

🌸 관찰 포인트

줄기는 단면이 사각형이고 곧게 섭니다. 꽃줄기에 꽃들이 한쪽만 보고 달리며, 각 꽃마다 둥근 꽃싸개잎(포)이 달려 있습니다. 꽃잎은 위아래로 갈라지고, 아래 갈래는 다시 3개로 갈라집니다. 4개의 수술 중 2개는 밖으로 길게 나옵니다. 주로 보라색 꽃이 피지만 흰색으로 피기도 합니다.

산국 *Dendranthema boreale* 국화과

- 전국의 길가나 들에 자라는 여러해살이풀
- 키: 1~1.5m
- 잎: 어긋나기, 많이 갈라진 달걀 모양
- 꽃: 노란색, 9~11월
- 열매: 길쭉한 타원 모양, 10~12월

나는 산국이야. 산에 나는 국화라는 뜻이지. 가을에 길가나 풀밭, 숲에 흐드러지게 피어 있는 꽃은 멀리서 보아도 참 아름다워. 향기는 또 얼마나 좋다고! 그래서 꽃을 말렸다가 차로 끓여 마시기도 해. 하지만 내 꽃은 약간 쓴맛이 나서 나보다는 감국의 꽃을 주로 차로 마셔.

🌸 관찰 포인트

한 송이처럼 보이는 꽃은 여러 개의 작은 꽃으로 이루어져 있으며, 그 바깥을 꽃싸개잎(포)들이 감싸고 있습니다. 둘레에 있는 혀모양꽃은 꽃잎과 끝이 2개로 갈라진 암술로만 되어 있으며, 가운데 통모양꽃은 5갈래의 꽃잎과 수술 및 암술로 되어 있습니다. 통모양꽃들은 바깥쪽에서부터 안쪽으로 가면서 차례로 피어납니다.

- 꽃잎: 5갈래
- 꽃받침: 없다.
- 수술: 5개가 통을 이룬다.
- 암술: 1개(끝이 2개로 갈라진다.)

닮은꼴 친구

감국: 단맛이 나는 국화라는 뜻이며, 산국에 비해 잎이 덜 갈라지고 꽃이 더 큽니다.

억새 *Miscanthus sinensis* 벼과

- 전국의 산이나 들에 자라는 여러해살이풀
- 키: 1~2m
- 잎: 어긋나기, 가는 줄 모양
- 꽃: 흰색, 9월
- 열매: 털이 달려 있다. 10월

나는 억새야. 줄기와 잎이 질기고 억센 풀이라는 뜻이야. 내 잎은 잘못 만지면 손을 베일 수도 있을 만큼 날카롭거든. 가장자리에 까칠까칠한 톱니가 많아서 그래. 하지만 흰 털이 달린 내 열매는 많은 사람들이 좋아해. 가을에 들판을 은빛으로 출렁이게 하는 게 바로 나거든. 옛날에는 내 줄기로 지붕을 만들었다고 해.

❀ 관찰 포인트

잎은 밑부분이 줄기를 둘러싸며, 잎 가운데 흰 줄이 있는 것이 특징입니다. 부채꼴로 피어나는 꽃은 여러 개의 작은 꽃들로 이루어져 있습니다. 각 꽃에는 꽃잎과 꽃받침이 없고, 2개의 껍질(외영과 내영)이 암술과 수술을 감싸고 있습니다. 수술은 밖으로 나와 달랑거리고 있으며, 암술 끝은 깃털처럼 되어 있어서 날아오는 꽃가루를 받을 수 있습니다. 껍질 안쪽에 달린 까락이 길게 나와 까끌까끌하며, 껍질 아래에는 흰털이 달려 있습니다.

열매
(길게 나와 있는 까락)

- 꽃잎, 꽃받침: 없다.
- 껍질(외영, 내영): 2개
- 수술: 3개
- 암술: 1개

 닮은꼴 친구

물억새: 물가에 자라며, 억새와 닮았으나 까락이 없습니다.   **갈대**: 물가에 자라며, 잎 가운데 흰 줄이 없습니다.

찾아보기

ㄱ

가는살갈퀴 … 52
가막살나무 … 83
가시박 … 191
각시붓꽃 … 48
갈대 … 199
갈퀴덩굴 … 88
감국 … 197
개나리 … 40
개망초 … 134
개불알풀 … 17
개쑥갓 … 80
고들빼기 … 64
고마리 … 180
광대나물 … 24
괭이밥 … 78
국수나무 … 118
귀룽나무 … 74
금낭화 … 90
기린초 … 115
까마중 … 132
꽃다지 … 20

꽃마리 … 22
꽃향유 … 194

ㄴ

남산제비꽃 … 51
냉이 … 14
노랑선씀바귀 … 66
누리장나무 … 154

ㄷ

단풍잎돼지풀 … 191
달맞이꽃 … 178
닭의장풀 … 150
덜꿩나무 … 82
돌나물 … 114
돌단풍 … 60
둥근잎나팔꽃 … 174
둥근잎유홍초 … 177
들괭이밥 … 79
땅비싸리 … 120
때죽나무 … 98

ㄹ

라일락 … 58

ㅁ

말냉이 … 18
말똥비름 … 115
망초 … 135
매발톱 … 126
매실나무 … 30
맥문동 … 128
멍석딸기 … 69
메꽃 … 176
명자나무 … 84
모과나무 … 85
무릇 … 166
물억새 … 199
미국까마중 … 133
미국나팔꽃 … 175
미국쑥부쟁이 … 192
미국자리공 … 142
미스김라일락 … 59
민들레 … 45

ㅂ

바위취 … 116
박주가리 … 160
박태기나무 … 72

배롱나무 … 172
뱀딸기 … 76
벚나무 … 39
별꽃 … 26
병꽃나무 … 97
복사나무 … 36
봄망초 … 135
봉선화 … 156
분홍낮달맞이 … 179
붉은병꽃나무 … 96
붉은씨서양민들레 … 45
붉은토끼풀 … 87
붓꽃 … 49
비비추 … 158
비수리 … 184
보리뱅이 … 65
뽕나무 … 92

ㅅ

사위질빵 … 168
산괴불주머니 … 54
산국 … 196
산딸기 … 69
산딸나무 … 136
산박하 … 140
산수유 … 28
산철쭉 … 43

살구나무 … 31
생강나무 … 29
서양등골나물 … 190
서양민들레 … 44
선개불알풀 … 17
소리쟁이 … 110
쇠별꽃 … 27
수수꽃다리 … 59
싸리 … 149
씀바귀 … 67

◎
아까시나무 … 102
애기나팔꽃 … 176
애기똥풀 … 46
앵도나무 … 34
억새 … 198
엉겅퀴 … 107
영춘화 … 41
옥잠화 … 159
올벚나무 … 39
왕벚나무 … 38
왕작살나무 … 139
왕질경이 … 131
유럽점나도나물 … 27
유홍초 … 177
이질풀 … 188

익모초 … 164
인동 … 124
일본병꽃나무 … 97

㉛
자주광대나물 … 25
자주괴불주머니 … 55
작살나무 … 138
전호 … 94
제비꽃 … 50
조록싸리 … 149
조뱅이 … 107
조팝나무 … 56
족제비싸리 … 104
졸방제비꽃 … 51
좀소리쟁이 … 110
좀씀바귀 … 67
좀작살나무 … 139
좁쌀냉이 … 15
종지나물 … 51
죽단화 … 63
줄딸기 … 68
쥐꼬리망초 … 170
쥐손이풀 … 189
지칭개 … 106
진달래 … 42
질경이 … 130

짚신나물 … 153
쪽동백나무 … 99
찔레나무 … 100

ⓟ
팥배나무 … 70
풀명자나무 … 85

ⓒ
참나리 … 162
참소리쟁이 … 111
참싸리 … 148
철쭉 … 43
층층나무 … 122

ⓗ
호비수리 … 185
황매화 … 62
회양목 … 32
흰꽃광대나물 … 25

ⓚ
코스모스 … 146
콩다닥냉이 … 15
큰개불알풀(봄까치꽃) … 16
큰금계국 … 108
큰낭아초 … 152
큰달맞이꽃 … 179
큰방가지똥 … 112
큰비짜루국화 … 193

ⓔ
털까마중 … 133
털도깨비바늘 … 186
털별꽃아재비 … 144
털쇠무릎 … 182
토끼풀 … 86